《弟子规》与人生修炼

董宇艳　王志强——编著

ZHEJIANG UNIVERSITY PRESS
浙江大学出版社
·杭州·

图书在版编目（CIP）数据

《弟子规》与人生修炼 / 董宇艳，王志强编著. — 杭州：浙江大学出版社，2023.6
ISBN 978-7-308-23847-2

Ⅰ. ①弟… Ⅱ. ①董… ②王… Ⅲ. ①个人品德—道德修养②《弟子规》—研究 Ⅳ. ①B825②H194.1

中国国家版本馆CIP数据核字(2023)第095170号

《弟子规》与人生修炼

《DIZI GUI》YU RENSHENG XIULIAN

董宇艳　王志强　编著

策划编辑	李　晨	
责任编辑	李　晨	
责任校对	胡佩瑶	
封面设计	春天书装	
出版发行	浙江大学出版社	
	（杭州市天目山路148号　邮政编码　310007）	
	（网址：http://www.zjupress.com）	
排　版	杭州林智广告有限公司	
印　刷	杭州钱江彩色印务有限公司	
开　本	787mm×1092mm　1/16	
印　张	13.25	
字　数	182千	
版 印 次	2023年6月第1版　2023年6月第1次印刷	
书　号	ISBN 978-7-308-23847-2	
定　价	49.80元	

前言 PREFACE

党的二十大报告指出：中华优秀传统文化源远流长、博大精深，是中华文明的智慧结晶。本书围绕《弟子规》展开，融汇《菜根谭》《大学》《道德经》等传统文化知识，结合历史典故、古今中外名人趣事和大学生日常生活与学习案例，进行专题人生修炼，诸如孝、谨、信、亲仁等，由浅入深，立足文化，改变生活，以国学丰富精神。引导学生养浩然之气，塑高尚人格，不断提高人文素质和精神境界。每节都以《菜根谭》名句开始，附加延伸学习三本经典书籍及激励一生的座右铭，让学生践行《弟子规》，体会儒家、道家思想的有机碰撞，进行人生感悟与修炼。此外，作为附件汇总《弟子规》白话诗文是本书的特色。

《弟子规》总叙："弟子规，圣人训。首孝悌，次谨信。泛爱众，而亲仁。有余力，则学文。"即倡导孝、悌、谨、信、爱众、亲仁、学文，前六项属于德育修养，后一项属于智育修养。《弟子规》所讲的道理"以小见大"，正是圣人的训诲，从入则孝、出则悌、谨而信、泛爱众、亲仁及余力学文着手，从日常生活中的伦常做起，经家庭、学校、社会，孕育出正人君子的品行，汇集了中国至圣先贤的大智慧。

《弟子规》中的"弟子"在家指孩子，在学校指学生，在公司指员工，在社会大众中指公民；"规"就是规矩、规范。教之道，德为先，如何遵守规范，坚持何种原则做人、做事

PREFACE

已成为一个人事业成败的最重要因素。《弟子规》记录的是生活中言行举止等小事情，却蕴含着做人做事的大智慧。我们透过那些文字，不但能够学会怎么做一个文明人、有道德的人，同时也能悟出很多成熟的智慧。

国学经典博大精深，是我们中华民族屹立于世界的根基，对于提升人格修养与启迪心灵智慧都有着潜移默化的作用。师生共同研修《弟子规》，强化大学生的感恩、尊敬、仁爱、进取、诚信之心；探索大学生如何修炼人生，延展、讨论学习大学生如何学以增智、学以致用、学会思考、学会做人、学会提问、学会与人相处。研修《弟子规》，让我们做到与经典为友、与经典同行。

大学生应该认真诵读、践行《弟子规》，使做人规范深入内心，让其成为个人反省的镜子及道德行为的指针；在生活实践中，修养自己的品格，培养自己的德行，将文化落地为文明。学好《弟子规》，对于知廉耻、明是非、懂荣辱、辨善恶，以及培养健全的道德品质，具有重要意义。

董宇艳　王志强

2023 年 6 月

第一章

绪　论

　　《弟子规》共360句、1080字，至今已有二三百年历史，作者李毓秀是清朝康熙年间的秀才，列述弟子在家、出外、待人、接物与学习上应该恪守的行为规范。《弟子规》是依据至圣先师孔子的教诲而编成的学生的生活规范。《弟子规》分为八个部分：总叙、入则孝、出则悌、谨、信、泛爱众、亲仁、余力学文。阐述在家善事父母，出了家门在社会上能侍奉兄长。行为上要谨慎，不可以放逸。言语上要言而有信，人无信则不立。交友平等博爱，爱人者人恒爱之。亲近有道德、有学问的人，亲近仁者。有余力就学习有益的学问。

　　《弟子规》所讲的道理，正是圣人的训诲。从入则孝、出则悌、谨而信、泛爱众、亲仁及余力学文着手，从日常生活中的伦常做起，经家庭、学校、社会，孕育出正人君子的品行。作为大学生，应该认真诵读《弟子规》，使做人规范深入内心，让其成为个人反省的镜子及道德行为的指针。

　　本书将《弟子规》与三本典籍相融合，引导辅助学习《菜根谭》，养性育德，感悟方圆并进的处世哲学；学习《大学》，修身治国平天下；学习《道德经》，作为学习、修身、处理各种关系的精神圭臬。

微课

第一节　学习《弟子规》的现实意义

在这个知识大爆炸的时代，孩子获取知识的渠道很多，电脑、电视、手机使得孩子过早、过多地接触到了大量信息，加之各种兴趣班、补习班，导致一部分孩子在沉重的学习压力下，心理失衡，不懂得为人处世。

教育部公布的《完善中华传统文化教育指导纲要》中指出：我国将把中华传统文化教育系统融入课程和教材体系，增加在中考、高考升学考试中的比重。传统文化教育的具体方向是：以天下兴亡、匹夫有责为重点的家国情怀教育，以仁爱共济、立己达人为重点的社会关爱教育，以正心笃志、崇德弘毅为重点的人格修养教育。大学阶段的任务：以提高自主学习和探究能力为重点，培养文化创新意识，增强传承弘扬中华优秀传统文化的责任感和使命感。

如果一个学生在读大学期间，认为技能学习是最重要的，就会出现对于专业学习和基础知识学习偏废的情形。而我们在大学应更看重思想、学识、风度、人品，多读经典书籍，培养气质和内涵，培养终身竞争力。不是为了拿文凭或发财，而是成为一个有温度、懂情趣、会自律、会思考的人。

学习《弟子规》的现实意义，是让人成为自律、独立思考的人。让不成熟的心灵变得成熟，让浅薄的人变得厚重，让人开阔眼界，让浮躁的心变得沉稳。感受知识之美，感受心性成长之美。让经典文化开阔人的胸怀、提升人的想象力。对大学生来讲，无论到社会上做什么工作都能追求卓越，做最好的自己，不断地学习，让自己的职业生涯具有持久性。

2009年5月13日，习近平同志在中央党校提出：领导干部要爱读书、读好书、善读书。要通过研读优秀传统文化书籍，吸收前人在修身处事、治国理政等方面的智慧和经验，养浩然之气，塑高尚人格，不断提高人文素质和精神境界。①

《弟子规》记录的是生活中言行举止等小事情，却蕴含着做人做事的大智慧。我们透过那些文字，不但能够学会怎么做一个文明人、有道德的人，同时也能悟出很多教育智慧。"父母呼，应勿缓。"讲的虽然是亲子之间要及时应答，其中却蕴含着大智慧。一个人能不能在父母呼唤的时候及时应答，体现着一个人是否孝顺、是否懂得尊重人，体现着人际交往中的良性互动，关系到一个人社交能力的发展。

《弟子规》教人举止仪态。如："凡出言，信为先。诈与妄，奚可焉。""勿践阈，勿跛倚。勿箕踞，勿摇髀。""唯德学，唯才艺。不如人，当自砺。""己有能，勿自私。人所能，勿轻訾。""能亲仁，无限好。德日进，过日少。不亲仁，无限害。小人进，百事坏。""非圣书，屏勿视。蔽聪明，坏心志。勿自暴，勿自弃。圣与贤，可驯致。"

《弟子规》以圣贤之道来指导生活，是道德教育的经典读本，立孝、立德、立人。中华传统文化的精髓是国以人为本，人以德为本，德以孝为本，这是修身、齐家、治国、平天下的至德要道。学习《弟子规》，让我们寻找一种做人姿态，让自己活得精彩、无法替代。

第二节　儒家文化的精髓

《弟子规》原名《训蒙文》，至今已有二三百年的历史。作者李毓秀

---

① 习近平. 领导干部要爱读书读好书善读书[EB/OL].（2013-04-28）[2023-05-03].
http://theory.people.com.cn/n/2013/0428/c40531-21322026-2.html.

（1647—1729），字子潜，是清朝康熙年间的秀才，创办了一所学校"敦复斋"，是清朝早期杰出的教育家。

《弟子规》成书于清朝，依据《论语》编撰而成。以《论语》"学而篇"第六条"弟子入则孝，出则悌，谨而信，泛爱众而亲仁。行有余力，则以学文"的文义，以三字一句，两句一韵编纂而成。《弟子规》共有360句、1080字，三字一句，两句或四句连意，和仄押韵，朗朗上口，具体列述弟子在家、出外、待人、接物与学习上应该恪守的守则规范。

《弟子规》浓缩为儒家五个字：仁、义、礼、智、信。"仁、义、礼、智、信"为儒家"五常"，孔子提出"仁、义、礼"，孟子延伸为"仁、义、礼、智"，董仲舒扩充为"仁、义、礼、智、信"，后称"五常"。这"五常"贯穿于中华伦理的发展中，成为中国价值体系中的核心因素。

儒家文化的核心是"仁、义、礼、智、信"，其中"仁"又排在首位。所谓"仁"，是指仁爱，即爱人，凡事不能光想着自己，多设身处地为别人着想，为别人考虑。儒家认为，要做到"仁"，则要遵循"义"和"礼"，前者是道德规范，后者是行为规则；此外，大力提倡"忠、孝、悌"，也就是对上级、对长辈最大程度的尊重。儒家文化是鲜明的以"人"为中心的伦理型文化。

大忠大爱是为仁，大孝大勇是为义，修齐治平是为礼，大恩大恕是为智，公平合理是为信。仁义礼智信、温良恭俭让、忠孝勇恭廉，即倡导仁爱、忠义、礼和、睿智、诚信，温和、善良、恭敬、节俭、忍让，忠心、孝悌、勇敢、谦恭、廉洁。

"仁、义、礼、智、信"指的是人应崇尚、追求的五种高尚品德。"温、良、恭、俭、让"指的是人应培养、陶冶的五种高尚品性。"忠、孝、勇、恭、廉"指的是人应信守、践行的五种高尚品格。三者中，品德是基础，品性显现的是品德自身的外现形态，品格显现的是品德表象化后的典范。

第三节　人生修炼是生活与心灵的修炼

除了《弟子规》，本书还以三本典籍为辅助教材，领悟《菜根谭》，感悟《大学》，体悟《道德经》。

一　第一本典籍为《菜根谭》

《菜根谭》是明代还初道人洪应明收集、编著的一部论述修养、人生、处世、出世的语录，集洋洋洒洒三百多条，错落有致，距今已有近四百年的历史。《菜根谭》似语录，似随笔。其文字简练明隽，兼采雅俗。似语录，而有语录所没有的趣味；似随笔，而有随笔所不易及的整饬；似训诫，而有训诫所缺乏的亲切醒豁。且有雨余山色，夜静钟声，点染其间，其所言清霏有味，风月无边。

《菜根谭》融合了儒家中庸思想、道家无为思想和释家出世思想的人生处世哲学。其文辞优美，对仗工整，含义深邃，耐人寻味，是一部有益于人们陶冶情操、磨炼意志、奋发向上的通俗读物。作者以"菜根"为本书命名，意为"人的才智和修养只有经过艰苦磨炼才能获得"。它对于人正心修身、养性育德有不可思议的、潜移默化的力量。

《菜根谭》之所以能于当代见称，其中一个重要原因就在于它的精神启发性和生活指导性历久弥新。其中，方圆并进的处世哲学、心平气和地对待人生起伏的平常心态、修身养德的精神境界，以及回归自然、陶冶心性的生活之道，都可以作为当代人在工作学习、享受生活、修身养性等过程中的经典法则。《菜根谭》之所以将读书为学、从政立业和修身养性并列，是因为这些是不得不修的人生功课。毛泽东曾说，嚼得菜根香，百事可做。菜根越嚼越香，用智慧的心灵去品味。

原文

心地干净，方可读书学古。不然，见一善行，窃以济私，闻一善言，假以覆短，是又藉寇兵而济赍粮矣。

释义

为学应当先修心，只有心地干净，坚守着心里的道德底线，然后再倾心学问，所学知识才能使自己变得丰盈。如果满腹心机，以学识服务于自己心中的欲望，只会让自己变成一个卑鄙的人。

解析

知识本无褒贬，但是会因求学人的道德分野而分褒贬。道德是一个人的立身之本，假如一个人的心术不正、品行不端，即便学富五车，也不会做出什么施德行善的好事，反而会随着学习的精进给他人、社会带来更多的危害。相反，只有心地无瑕、性情如水的人才会保证知识的中性，并随着学习的深入，让自己生活的世界沁满芬芳。所以为学先修心便成为"心地干净，方可读书学古"的潜在含义。

二 第二本典籍《大学》

《大学》至今已流传两千多年，在中国历史上的各个时期都有其独特的社会地位。孙中山先生称这本书是"中国独有之宝贝"，是中国人必读的一本书。曾国藩选拔人才的标准是"功名看器宇，事业看精神"。所谓"器宇"，即一个人的心量，而读《大学》可以培养人敦厚中正之性，有利于树立正确的世界观、人生观、价值观，建构"修身、齐家、治国、平天下"的大格局。

《大学》是一篇论述儒家"修身、治国、平天下"思想的散文，原是《小戴礼记》第四十二篇，相传为曾子所作，实为秦汉时儒家作品，是一部中国古代讨论教育理论的重要著作。经北宋程颢、程颐竭力尊崇，南宋朱熹又作《大学章句》，最终和《中庸》《论语》《孟子》并称"四书"。宋、元以后，《大学》成为学校官定的教科书和科举考试的必读书，对中国古代教育产生了极大的影响。

《大学》全文文辞简约，内涵深刻，影响深远，主要概括总结了先秦儒家道德修养理论，以及关于道德修养的基本原则和方法，对儒家政治哲学也有系统的论述，对做人、处世、治国等有深刻的启迪性。

原文

大学之道，在明明德，在亲民，在止于至善。知止而后有定，定而后能静，静而后能安，安而后能虑，虑而后能得。物有本末，事有终始。知所先后，则近道矣。

古之欲明明德于天下者，先治其国。欲治其国者，先齐其家。欲齐其家者，先修其身。欲修其身者，先正其心。欲正其心者，先诚其意。欲诚其意者，先致其知。致知在格物。

译文

大学的宗旨在于弘扬光明正大的品德，在于使人弃旧图新，使人达到最完善的境界。知道应达到的境界才能够志向坚定；志向坚定才能够镇静不躁；镇静不躁才能够心安理得；心安理得才能够思虑周详；思虑周详才能够有所收获。每样东西都有根本、有枝末，每件事情都有开始、有终结。明白了这本末始终的道理，就接近事物发展的规律了。

古代那些要想在天下弘扬光明正大品德的人，先要治理好自己的国家；要想治理好自己的国家，先要管理好自己的家庭和家族；要想管理好自己的家庭和家族，先要修养自身的品性；要想修养自身的品性，先要端正自己的心思；要想端正自己的心思，先要使自己的意念真诚；要想使自己的意念真诚，先要使自己获得知识；获得知识的途径在于认识、研究万事万物。

我们从中可以深入学习与领会三纲八目与六证。

三纲：明德，亲民，止于至善。"亲民"，朱熹训为"新民"，这是培养精英人才的三大原则，即砥砺自己的美德，并推己及人，感染和影响他人并使其也改变。八目：格物、致知、诚意、正心、修身、齐家、治国、平天下。三纲八目强调修己是治人的前提，修己的目的是治国、平天下，说明治国、平天下和个人道德修养的一致性。八目是大学教育的具体步骤和顺序，其中以"修身"为中心。

"三纲""八目"互为表里，修身之前的格物、致知、诚意、正心是讲精英人才或骨干砥砺自己美德的过程，就是所谓的"明德"；修身之后的齐家、治国、平天下是通过自己的言行来改变他人的过程，就是所谓的"新民"（弃旧图新）。

六证：止、定、静、安、虑、得。内修是独善其身，修身是枢纽，外治是兼修天下。

"六证"与"八目"是儒学为我们所展示的人生进修阶梯。"止、定、静、安、虑、得"与"格、致、诚、正、修、齐、治、平"的观念总是或隐或显地在影响着你的思想，左右着你的行动。自己的人生历程也不过是在这儒学的进修阶梯上或近或远地展开。两千多年来，一代又一代的中国知识分子把生命的历程铺设在这一阶梯之上。

《大学》之道，是古代培养精英骨干的教育原则和方法。《大学》的精神，是修己治人或内圣外王。在古代，子弟八岁入小学，教育内容主要是"礼、乐、射、御、书、数"之文和洒扫、应对、进退等基本生活规矩。十五岁入大学，教人穷理、正心、修己、治人的方法。

三 第三本典籍《道德经》

《道德经》，又称《道德真经》《老子》《五千言》《老子五千文》，是中国古代先秦的一部著作，传说是春秋时期的老子（即李耳，河南鹿邑人）所撰写，是道家哲学思想的重要来源。分上下两篇，原文上篇《德经》、下篇《道经》，不分章，后改为《道经》三十七章在前，第三十八章之后为《德经》，并分为八十一章。《道德经》是中国历史上首部完整的哲学著作，是古老的"东方圣经"——为学、修身、处理各种关系的精神圭臬。

一位哲人说，读一本好书，就是和许多高尚的人谈话。《道德经》可以净化我们的心灵，《道德经》可以提高我们的修养，《道德经》可以开启我们的智慧，《道德经》有助于我们处理好人与自然、人与社会的关系。鲁迅说，不读老子，不知中国文化。胡适说，老子是中国哲学的鼻祖，是中国第一位真正的哲学家。

学习《道德经》，可以净化心灵，提高修养，开启智慧，处理好人与自然、人与社会的关系。本书我们学习《道德经》部分篇章。

《道德经》第一章 天地之始。"道"是洞悉一切奥妙变化的门径。

《道德经》第八章 上善若水。上善若水。水善利万物而不争。

《道德经》第二十二章 圣人抱一。曲则全，枉则直，洼则盈，敝则新。

《道德经》第二十四章 物或恶之。企者不立，跨者不行。

《道德经》第二十五章 道法自然。人法地，地法天，天法道，道法自然。

《道德经》第二十八章 常德乃足。知其雄，守其雌，为天下溪。

《道德经》第四十二章 或损或益。道生一，一生二，二生三，三生万物。

《道德经》第四十九章 圣无常心。怀圣人之心，做平常之事。

老子，其犹龙乎。史载孔子谓其弟子曰："鸟，吾知其能飞；鱼，吾知其能游；兽，吾知其能走。走者可以为罔，游者可以为纶，飞者可以为矰。至于龙，吾不能知，其乘风云而上天。吾今日见老子，其犹龙乎？"老子是中国的哲圣，《道德经》是中国哲学的开山之作。《道德经》是一首哲理诗，是一部智慧之书，是中国文化的基因库。不读《道德经》，无以知中国人的智慧。《道德经》中丰富的辩证思维，对每一个中国人都有极大的价值。愿《道德经》成为我们的良师益友！

第四节 《弟子规》总叙

　　弟子之规，做人的规矩，《弟子规》分为八个部分：总叙、入则孝、出则悌、谨、信、泛爱众、亲仁、余力学文。《弟子规》是依据至圣先师孔子的教诲而编成的学生的生活规范。总叙是全篇的总纲领。

一 《弟子规》总叙

原文

弟子规　圣人训　首孝悌　次谨信

泛爱众　而亲仁　有余力　则学文

释义

　　《弟子规》这本书是根据圣人孔子的训导编成的。首先，我们在家里要孝敬父母，对自己的兄长要尊敬。其次，在日常生活中，我们的言行要谨慎，对别人要讲信用。我们要关爱他人，亲近那些有仁德的人，跟他们学习。如果这些我们已经做到了，还有余力的话，就去学习圣贤的经典，有益的学问。

　　在中国传统文化中，"圣人"指知行完备、至善之人，是有限世界中的无限存在。在中国，古代圣明的君主帝王及后世道德高尚、儒学造诣高深者，称圣人。《弟子规》总叙中的圣人，指孔子。

　　孔子是我国古代著名的教育家、思想家。相传，他最早创立私塾，招收学生。孔子教学生，以儒家典籍《诗》《书》《礼》《易》等为教材，以文行忠信等科目，即历代的文献、社会的经验、对待别人要忠诚、与人交往要信任，作为主要的教学内容，培养了许多人才。孔子作为我国历史上最早创办私学的教育家，留下了许多宝贵的教学经验，对今天的教育者仍具有积极的借鉴意义。

- -

董遇巧用三余

三国时期。魏国有一个人叫董遇。他自幼生活贫苦，整天为了生活而奔波。但是他只要一有空闲时间，就坐下来读书学习，所以知识很渊博，人们很佩服他，他的名声也越来越大。附近的人纷纷前来求教，并问他是如何学习的。董遇告诉他们："冬者，岁之余。夜者，日之余。阴雨者，时之余。"学习要利用三余，也就是三种空余时间，冬天是一年之余，晚上是一天之余，雨天是平日之余。人们听了，恍然大悟。原来就是要通过一切可以利用的时间来读书学习，以提高自己的水平。

巧用三余。冬者，岁之余。地里无农活，是读书的大好时机。小屋四面漏风，手脚冻得不听使唤，屋中跑步，继续。夜者，日之余。打柴糊口虽然每天累得筋疲力尽，也专心读书，夜里睡意袭来，在水缸舀一盆冷水洗脸。阴雨者，时之余。小屋破旧不堪，屋顶漏雨滴到头上，找个木盆接雨，继续沉浸读书。

弟子规，圣人训，首孝悌，次谨信。倡导我们大学生专注、热爱、成功。

专注于大学学习生活，心无旁骛地为之付出、为之努力、为之坚持，成功会在不远的将来招手等待。专注于自己的亲人、同学、朋友，掏心掏肺地用心、用情去爱、去相处，收获的会是人间最真挚的温暖。专注于一堂讲座、一段音乐、一场话剧、一篇美文、一处景致，那种发乎内心而又滋养内心的体验，绝对是一种享受。专注与热爱，是一种内心的坚守，是一种忘我的境界，是一种可贵的修养，更是一道亮丽的风景。

二 延伸学习：中国老规矩12则

老规矩，既是教养，亦是礼仪。没有规矩不成方圆，悠悠五千年的文明古国，流传于民间的规矩有很多。在祖祖辈辈留下的传统规矩中，有的带有一定的封建色彩，有的显得不那么切合时宜，但有的则与一定的礼仪、礼貌有关，绝大部分是可取的，有一些老规矩蕴含的不仅仅是一种行为规范，更是传统文化的体现。

诸如餐桌上的礼仪，每个细微的肢体语言都向周边的人泄露着个人的教养：家教、性格、喜好、人品。

1. 筷子不立插在米饭中，因为象征着香炉。

2. 递剪子时要手攥剪子尖儿，让剪刀柄朝向对方。

3. 不能用筷子敲盆碗，有乞丐之嫌。

4. 客人添饭时一定不能说："还要饭吗？"

5. 敲门应该先敲一下，再连敲两下，急促拍门象征着报丧。

6. 吃饭坐定就不能再换，端着碗满处跑是要饭的。

7. 全家人围坐用餐，大人不动，孩子不能动。

8. 长辈坐正中，其他人依次而坐，一般来说夫妻要挨在一起。

9. 有的孩子得宠，可以挨着老人，但座椅不可高于长辈。

10. 喝汤不许吸溜，吃饭不许吧唧嘴，要闭上嘴嚼。

11. 吃饭时，手要扶碗，决不许一只手在桌下。

12. 不许叉腿待着，不许咋咋呼呼，不许斜着眼看人，不许抖腿。

《弟子规》之入则孝

  "入则孝"为《弟子规》主修的第一门课，全文用14则168字，细致而全面地阐述了弟子在家关于孝道的日常行为规范。孝道，简单说是孝敬或者孝顺，即赡养和顺从。在"入则孝"这一章中，我们将学习如何与父母沟通、如何传递爱的温暖、如何保护父母的名誉、如何保护父母情绪，为人弟、为人子，进家要孝顺父母，要有孝心、懂孝义、守孝道。

  孝悌是中国文化的基础，古人云，"百善孝为先"。一个人能够孝顺，他就有一颗善良仁慈的心，有了这份仁心，就可以帮助许许多多的人。

入则孝

父母呼	应勿缓	父母命	行勿懒
父母教	须敬听	父母责	须顺承
冬则温	夏则清	晨则省	昏则定
出必告	反必面	居有常	业无变
事虽小	勿擅为	苟擅为	子道亏
物虽小	勿私藏	苟私藏	亲心伤
亲所好	力为具	亲所恶	谨为去
身有伤	贻亲忧	德有伤	贻亲羞
亲爱我	孝何难	亲憎我	孝方贤

微课

亲有过　谏使更　怡吾色　柔吾声
谏不入　悦复谏　号泣随　挞无怨
亲有疾　药先尝　昼夜侍　不离床
丧三年　常悲咽　居处变　酒肉绝
丧尽礼　祭尽诚　事死者　如事生

第一节 入则孝之一：百善孝为先

一 《菜根谭》经典名句

原文

受人之恩，虽深不报，怨则浅亦报之；闻人之恶，虽隐不疑，善则显亦疑之。此刻之极，薄之尤也，宜切戒之。

释义

受到了别人很大的恩德不知道报答，而对人有一点怨恨就进行报复；听到他人的坏事虽未公开也坚信不疑，而明知他人做了好事却持怀疑态度。这样的行为刻薄冷酷到了极点，一定要避免。

解析

常怀感恩心，一生无憾事。滴水之恩理当涌泉相报，这是中国人历来所崇尚的美德。人们应该学会感恩，别人施予的恩惠，即便微不足道，也切莫忘记，适时报答。尤其是在自己处于困境时，他人的雪中送炭就更显得弥足珍贵了，在自己有能力时，就应该回馈和报答。

怀有一颗感恩的心，能帮助你在逆境中寻求希望，在悲观中寻求快乐。感恩是一种处世哲学，也是生活中的大智慧。

二 《弟子规》入则孝之一

（一）**原文**

父母呼 应勿缓 父母命 行勿懒

释义

父母叫你，就应该赶快答应；父母有什么事要你做，不要拖拖拉拉，懒懒散散。

典 故 -

孟宗泣竹

传说，古时候楚国有一个叫孟宗的孝子，对母亲照顾得十分周到。一年冬天，孟母连续几天没有胃口，身体日渐消瘦，孟宗急坏了，要去请医生。孟母对儿子说："我没有病，其实我是想吃竹笋了。"孟宗听后，马上跑到屋后的竹园，希望能找到竹笋。可是冬天哪里会有竹笋呢？孟宗急得大哭起来。这一哭，奇迹出现了，地上竟冒出了竹笋。原来，孟宗的孝心感动了上天，满足了他的要求。这个故事虽然具有神话色彩，却表明了孟宗的一片孝敬之心。

（二）**原文**

父母教　须敬听　父母责　须顺承

释义

父母的教诲，一定要恭恭敬敬地听；如果父母责备你，一定是有一定道理的，所以要虚心接受。

典 故 -

孟母断机

孟子小的时候，有一天读书厌倦了，就跑回家里。这时他的母亲正在织布，见他回来，突然把织布机的梭子折断，扔在了地上。孟子很奇怪，就问母亲为什么发火。母亲说："织布要一寸寸地织，才能织成。但如果把梭子折断了，放弃织布，还能织成一匹布吗？在学业上也一样啊，你还没有学成就厌倦了，什么时候才能成为有用之才呢！"孟子听了母亲的教诲，恍然大悟，从此发奋学习，终于成为一代大师。

（三）**原文**

冬则温　夏则凊　晨则省　昏则定

释义

子女要孝敬父母，冬天要让他们暖和，夏天要让他们凉快；早上要恭恭敬敬地请安，晚上要让父母能够在安定当中入睡。

典故

黄香温席

相传东汉时期有一个叫黄香的孩子，因母亲早逝，他和父亲相依为命。黄香虽然年龄很小，却知道孝敬父亲。夏天天气热，每天晚上他都给父亲扇枕席，以便父亲安歇；冬天天气寒冷，他每天晚上都先上床，用自己的体温把被褥焐热。黄香小小的年纪就有这样的孝心，为他后来成就大事打下了良好的基础。长大后，黄香当了官，成为以孝闻名、以孝施政的榜样。黄香的事迹，被历代传颂，成为著名的"二十四孝"之一。

（四）**原文**

出必告　反必面　居有常　业无变

释义

出门要告诉父母一声，回来也要通报一声，免得父母不放心；起居作息，要有规律。做事有常规，不要任意改变，以免父母忧虑。

聂政养母

聂政是战国时期的一位大侠士，很孝顺自己的母亲。父亲去世后，他和母亲一起生活。因为是出名的侠士，所以常有人请他出门行侠仗义，打抱不平。但是因为有母亲在，所以遇到有危险的事，聂政总是刻意回避。一次，一位朋友要他替自己办一件事情，聂政告诉那人说，现在有母亲在，不能出去，以后再说吧。几年后，聂政的母亲去世，他安葬了老母后，才离开家为朋友办事去了。

《弟子规》语句中蕴藏着做人的智慧。"父母呼，应勿缓"，体现一种人际交往的良性互动关系，培养与别人积极互动的能力；"父母责，须顺承"，学会保护他人的情绪，将来走向社会也会更加从容。处理事情，管理情绪，学会顺势而为，顺其自然；"冬则温，夏则凊"，学会体察温暖、传递温暖的能力；"晨则省，昏则定"，把善的意愿表达给他人，是一种生存能力，培养懂协调、会沟通的能力，传递善的能量；"居有常，业无变"，安定才能让父母安心，强调一个人的事业需要坚持，是培养获取空间稳定感的能力。

总之，通过以上学习，入则孝，在家善事父母，让爱护父母成为习惯，待人、处事、接物学会"温、良、恭、俭、让"的态度。孝敬父母，学会感恩和原谅。一个人在成长和成熟的过程中，会得到别人的帮助，也会受到不同程度的伤害。但是不要对一些过往心怀怨念，而应该学会感恩和原谅。感恩在困境中帮助过我们的人，是他们让我们坚定了信念；宽容那些伤害过我们的人，是他们使我们懂得了生活。

第二节　入则孝之二：洁身自好　栖守道德

一　《菜根谭》经典名句

原文

栖守道德者，寂寞一时；依阿权势者，凄凉万古。达人观物外之物，思身后之身，宁受一时之寂寞，毋取万古之凄凉。

释义

一个坚守道德准则的人，也许会暂时寂寞；而那些阿谀奉承、攀附权贵的人，却会遭到永远的孤独。心胸豁达、宽广的人，重视物质以外的精神价值，考虑到死后的千古名誉，所以他们宁可坚守道德准则而忍受暂时的寂寞，也决不会趋炎附势而遭受万古的凄凉。

注释

道德：指人类所应遵守的法理与规范，据《礼记·曲礼》"道德仁义，非礼不成"。

依阿：胸无定见，曲意逢迎，随声附和，阿谀奉承，攀附权贵。

达人：指心胸豁达宽广、智慧高超、眼光远大、通达知命的人。

物外之物：泛指物质以外的东西，也就是现实物质生活以外的道德修养和精神世界。

身后之身：指身死后的名誉。

毋：同"勿"，不要。

解析

坚守道德准则，才会活得坦坦荡荡。引申来说，就是恪守道德是修养的需要，也是一个人追求幸福美满人生的基础。人的修养是一个漫长的坚持和追求的过程，只有坚持自己的道德底线，哪怕孤独寂寞，也不会为终究散去的身外之物而丢弃自我。

二　《弟子规》入则孝之二

（一）原文

事虽小　勿擅为　苟擅为　子道亏

释义

纵然是小事，也不要任性，擅自做主而不向父母禀告。如果任性而为，容易出错，就有损为人子女的本分，因此，让父母担心是不孝的行为。

典故

刘备教子

刘备（161—223），三国时期蜀汉开国皇帝，为人谦和，礼贤下士，宽以待人，志向远大，知人善用，素以仁德为世人称赞。

刘备临死前，对儿子刘禅不放心，除了把他托付给丞相诸葛亮外，还写了一封信来教育他。信中说："勿以恶小而为之，勿以善小而不为。惟贤惟德，能服于人。"意思是，不要认为坏事太小，就去胡作非为，不要因为好事太小就不做；只有品德良好才能让人信服。

后来，在诸葛亮的辅佐下，刘禅没有让蜀国出现大的失误。但诸葛亮死后，刘禅开始宠信宦官，逐渐放纵自己，使蜀国被曹魏灭掉，刘禅也成了俘虏。

（二）原文

物虽小　勿私藏　苟私藏　亲心伤

释义

公物虽小，也不可以私自收藏，占为己有。如果私藏，品德就有缺失，父母亲知道了一定很伤心。

典故

陶母封鲊

原文

陶公少时作鱼梁吏，尝以坩鲊饷母。母封鲊付使，反书责侃曰："汝为吏，以官物见饷，非唯不益，乃增吾忧也。"

——《世说新语》

释义

陶侃青年时期担任了管理河道渔业的小官。他曾经托人带回家一坛腌鱼孝敬母亲。母亲却把鱼封好让人退了回去，并且给他写了一封信："你是国家的官吏，怎么能用公家的东西孝敬母亲呢？这样做不仅对我没有好处，还增加了我的忧愁。"

解析

陶侃是东晋有名的贤臣，从小就勤奋好学，而且注意人品的培养，这一切与他母亲的严格教育是分不开的。此事虽小，却可以看出陶母教子的严格。做事如果任意妄为，势必害人害己。要培养一个人做事关注细节，会换位思考，考虑别人的感受，考虑别人的利益。要培养一个人学会分享，才会更幸福。自私的人最终都会失败。

三 延伸学习：《大学》

原文

物格而后知至，知至而后意诚，意诚而后心正，心正而后身修，身修而后家齐，家齐而后国治，国治而后天下平。

释义

通过对万事万物的认识、研究后才能获得知识；获得知识后意念才能真诚；意念真诚后心思才能端正；心思端正后才能修养品性；品性修养后才能管理好家庭和家族；管理好家庭和家族后才能治理好国家；治理好国家后天下才能太平。

解析

上自国家元首，下至平民百姓，人人都要以修养品性为根本。若这个根本被扰乱了，家庭、家族、国家、天下要治理好是不可能的。不分轻重缓急，本末倒置却想做好事情，这也同样是不可能的！这就是抓住了根本，这就叫知识达到顶点了。

第三节　入则孝之三：正气清白　留于乾坤

一　《菜根谭》经典名句

原文

黪宁守浑噩而黪聪明，留些正气还天地；宁谢纷华而甘淡泊，遗个清名在乾坤。

释义

做人宁可保持淳朴自然的本性，抛弃心机巧诈的聪明，也要留些浩然正气给大自然；宁可谢绝富丽繁华的诱惑，甘心过着淡泊宁静的生活，也要在世间留个清白的声名。

解析

做人要留些浩然正气给大自然，要留个清白的名声在世间。在现实生活中，有一些人对待人和事，总是目的在先，名利当头。这样为人处世，终究逃不过"迫穷祸患害相弃"的际遇。

夫以利合者，迫穷祸患害相弃也（《庄子·山木》），即因为利益而结合在一起的人，必然会因为遇到困难、灾祸而互相抛弃。"宁谢纷华而甘淡泊"，则给人带来一股清新的气息。具体说来，处理问题，不丧失正气；挣钱谋生，不图物质享受；与人相处，真心相待；个人修养，为人谦和。做到这几点，一个人也就品得了菜根中的真意。

习近平主席2014年7月4日在韩国国立首尔大学的演讲中引用了一段话："以利相交，利尽则散；以势相交，势败则倾；惟以心相交，方成其久远。"①

二 《弟子规》入则孝之三

（一）原文

亲所好　力为具　亲所恶　谨为去

释义

父母所喜欢的东西，要尽力为他们准备好；父母所讨厌的事物，要小心为他们去除（包括自己的坏习惯）。

典故

原文

郯子奉亲

周郯子，性至孝。父母年老，俱患双眼，思食鹿乳。郯子顺承亲意，乃衣鹿皮，去深山，入鹿群之中，取鹿乳供亲。猎者见而欲射之，郯子具以情告，乃免。

——《二十四孝》

释义

郯子是古代的一位大孝子，对父母特别孝顺。父母的年纪大了，都患眼

---

① 习近平. 习近平在韩国国立首尔大学的演讲 [EB/OL]. (2014-07-04) [2023-03-07]. http://jhsjk.people.cn/article/25241564.

疾，很想喝鹿乳。郯子就来到山上，想尽办法来获取鹿乳。山上的鹿虽然不少，却难以接近。为了得到鹿乳，郯子便披上鹿皮混入鹿群之中，郯子的耐心获得了回报，终于有一天，他得到了鹿乳。在取得鹿乳的过程中，一个猎人误认为披着鹿皮的郯子是鹿，正要射他，郯子赶紧大叫，并将实情相告。猎人被他的孝心感动，并且将这件事告诉了大家。从此郯子取鹿乳奉亲的佳话流传至今。元代郭居敬辑录古代24个孝子的故事，"郯子奉亲"足以证明该故事从元代起就传讲至今。历代统治者视郯子为德、才、威、雅的化身。

（二）**原文**

身有伤　贻亲忧　德有伤　贻亲羞

释义

要爱惜身体，遵守道德。身体有了伤痛，会让父母担心；要注重自己的品德修养，不可以做出伤风败俗的事，使父母蒙受耻辱。

典　故

董卓之乱

东汉中平六年（公元189年），董卓率兵进入洛阳，废少帝，立陈留王刘协为帝，自为相国独揽朝政。董卓的士卒大肆烧掠，洛阳周围二百里内尽成瓦砾。192年，董卓被王允、吕布所杀，历时3年。3年时间虽短，社会却经历了深刻的变革，基本决定了之后历史的走向，三国群雄在此期间先后登场，成为三国乱世的开端。

董卓奉诏入朝后实行暴政，他是东汉末年的军阀，他带领军队来到国都，废掉了皇帝刘辨，另立刘协为傀儡皇帝，从此独揽朝政。董卓专权期间，对朝廷中的大臣肆意杀戮，对天下的百姓任意欺凌。他的暴行引起了人们的愤怒，朝臣王允等人联合起来，用计一举将他除掉。

董卓的恶行不仅使其家属受到牵连，连年迈的老母也难逃一死，实在是可悲啊。

另有一案例：儿子被警察抓走，母亲半年没下楼。该案例讲述的是有一个单位的家属院，院子里原是同一个单位的退休老人经常聚集在一起，在楼下空地上支张桌子打牌、择菜、织毛衣、聊天。有一天下午，突然来了一辆警车，车上下来几个警察，动作敏捷地向一个单元走去。人们很诧异，都停下了手里的活计，纷纷把吃惊的目光投向了警车和警察，并相互询问："这是抓谁呢？"不一会儿，警察们就从单元门里出来了，同时推搡着一个胳膊反捆在背后的小伙子，众目睽睽之下，把他塞进了警车。人们又不约而同地把诧异的目光集中在一位正在择菜的老人身上，只见她早已惊讶得张大了嘴，脸色惨白，原来被抓走的是她的儿子。

事后人们才了解到，他的儿子在外省参与了一起重大盗窃案，外省警察与本地警察共同对他实行了抓捕。从那以后，这位母亲基本上有半年时间没有下楼。半年后，人们再次看到她时，本来瘦弱的她显得更加瘦弱不堪了，半年不见，头发已经全白了！正在打牌、聊天、说说笑笑的人们看见她，想招呼她一起过来坐坐时，却见她远远地摆摆手，低着头默默走开。唉，她儿子的行为让母亲蒙受耻辱。

此案例让我们体会到，保护好父母的名誉和保护好自己的身体一样重要。

孔子集语《亢仓子·训道》中道："发一言，举一意，不敢忘父母；营一手，措一足，不敢忘父母。"人每说一句话，每表达一个意思，都不敢忘记父母；人举手投足之间也不能忘却父母。就是说，人不论是说话、做事都不要忘记父母，不使自己身体受到伤害，不使父母蒙受羞辱。

以上规矩与典故，告诫我们在日常生活中要处处留心、时时在意，一言一行都要以父母作为主要的考虑。要从衣食住行上细心观察；父母所爱之物，我必爱之，父母所爱之人，我当敬之，父母所愿意的事，我当奉行之，要时时顺着父母的心意，让父母高兴。我们要读懂父母的心声，了解父母的需要，这才是真正的孝道。

三 延伸学习：扬名世界的英国无名墓碑

英国无名墓碑用一段很短的碑文震撼了全世界。我们探索一下碑文与"四书"之一的《大学》之间的联系，共同感悟中西方文化的魅力。

在英国著名的威斯敏斯特大教堂地下室的墓碑林中，有一块普普通通的墓碑，粗糙的花岗岩质地，外形死板而缺乏美感。这座微不足道的无名氏的墓碑却名扬世界。它与周围二十多位英国国王那质地上乘、雕刻精美的墓碑及牛顿、达尔文、狄更斯等名人的墓碑相比，显得黯然失色，毫不起眼。而且，它没有墓主人的名字和生卒年月，更没有一丁点介绍墓主人生平的文字。但参观者无不被无名氏墓碑上的碑文所折服和震撼的。

When I was young and free and my imagination had no limits, I dreamed of changing the world.

As I grew older and wiser, I discovered the world would not change, so I shortened my sights somewhat and decided to change only my country. But it, too, seemed immovable.

As I grew into my twilight years, in one last desperate attempt, I settled for changing only my family, those closest to me, but alas, they would have none of it.

And now as I lie on my deathbed, I suddenly realize:

If I had only changed myself first, then by example I would have changed my family. From their inspiration and encouragement, I would then have been able to better my country, and who knows, I may have even changed the world.

译文：当我年轻时，我的想象力从没有受到过限制，我梦想改变这个世界。当我成熟以后，我发现我不能改变这个世界，于是我将目光缩短了些，决定只改变我的国家。但是，我的国家似乎也是我无法改变的。当我进入暮年后，我发现我不能改变我的国家，我的最后愿望仅仅是改变一下我的家庭。但是，这也不可能。当我躺在床上，行将就木时，我突然意识到：如果一开始我仅仅去改变我自己，然后作为一个榜样，我可能改变我的家庭。在家人的帮助和鼓励下，我可能为国家做一些事情。然后谁知道呢？我甚至可能改变这个世界。

碑文体现灵魂的自省。显然，这位令人肃然起敬的无名氏是位有理想、有抱负的人，这篇碑文是他心灵的自省，充满着哲理和教益。据说，许多世界政要和名人看到这篇碑文时都感慨不已。有人说这是一篇人生的教义，有人说这是一篇生命力学的论文，还有人说这是灵魂的一种自省。

当年轻的曼德拉看到这篇碑文时，他顿然有醍醐灌顶之感，声称自己从中找到了改变南非甚至整个世界的金钥匙。回到南非后，他放弃了以暴力抗争来打破种族歧视的观念，改变了自己的处世风格和思想，进而改变了自己的家庭、亲人和朋友。经过几十年的奋斗，他终于改变了南非这个国家。

更让我们感慨的是这篇碑文与《大学》之间的联系，它让人感受到中西方文化的魅力。东海西海，心同此心，理同此理。墓碑内容正是《大学》精义"三纲八目"的最好注解。"我梦想改变这个世界"，这不就是《大学》的"新民""欲明明德于天下"吗？"改变我的国家"，这不就是《大学》的"治国"吗？"改变我的家庭"，这不就是《大学》的"齐家"吗？在离开人世之际反省，改变我自己才是最根本的，这不就是《大学》以"修身""明明德"为本吗？"开始我仅仅去改变我自己，然后作为一个榜样，我可能改变我的家庭。在家人的帮助和鼓励下，我可能为国家做一些事情。我甚至可能改变这个世界。"这不就是《大学》的"身修而后家齐，家齐而后国治，国治而后天下平"吗？

《大学》的精神，强调修己治人，内圣外王。做事业，必须要读《大学》。要想改变世界，你必须从改变你自己开始。通过以上探索，我们感悟到要想撬起世界，它的最佳支点不是整个地球，不是一个国家、一个民族，也不是别人，它的最佳支点只能是自己的心灵。

第四节　入则孝之四：有效沟通　和颜悦色

一　《菜根谭》经典名句

原文

责人者，原无过于有过之中，则情平；责己者，求有过于无过之内，则德进。

释义

对待别人应该宽容，要善于原谅别人的过失，把有过错当作无过错，这样相处就能平心静气；对待自己应该严格，在自己没有过错时要能找到自己的缺点，这样品德就会不断增进。

解析

子曰：躬自厚而薄责于人。孔子说：反躬自责很严格，而对别人的要求很宽松，就不会带来多少怨恨。也就是说，我们要学会宽容。宽容是一种处世哲学，也是一种较高的思想境界，宽容别人就是善待自己。对自己严格些，可以促进自己的德业精进；对别人宽厚些，可以给对方真心改过的机会。这样做，我们就不容易为外物所累，同时，对自己的修养也是一种提升。凡事要从自己做起，就是对自己严格要求，事事走在前面，以行动作示范，这样的人自然有力量。

二　《弟子规》入则孝之四

（一）**原文**

亲爱我　孝何难　亲憎我　孝方贤

释义

父母喜欢自己，做到孝顺并不难；父母不喜欢自己，还要孝顺他们，这才是最可贵的。

典故- -

王祥卧冰求鲤

卧冰求鲤，出自元代郭居敬辑录古代24个孝子的故事编成的《二十四孝》。《二十四孝》是宣扬孝道的通俗读物，其中故事"卧冰求鲤"中的主人公王祥被列为二十四孝子之一，足以证明该故事从元代起就传讲至今。

晋王祥，字休征。早丧母，继母朱氏不慈。父前数谮之，由是失爱于父。母尝欲食生鱼，时天寒冰冻，祥解衣卧冰求之。冰忽自解，双鲤跃出，持归供母。

晋朝的王祥，早年丧母，继母朱氏并不慈爱，常在其父面前数说王祥的是非，因而失去了父亲的疼爱。一年冬天，继母朱氏生病想吃鲤鱼，但因天寒河水冰冻，无法捕捉，王祥便赤身卧于冰上，忽然间冰化开，从裂缝处跃出两尾鲤鱼，王祥喜极，持归供奉继母。

他的举动，在方圆十里传为佳话。人们都称赞王祥是人间少有的孝子。人们都说孝感天地，必得天佑。

（二）**原文**

亲有过　谏使更　怡吾色　柔吾声

释义

父母有过错，要耐心劝说，让他们改正；他们也许不耐烦，但你还是要和颜悦色，轻声细语地劝说。

典 故

苦心劝父

从前，有个叫孙元觉的少年，小时候就十分懂事，可他的父亲对他祖父却极不孝顺。有一天，父亲要把病弱的祖父扔到深山里去。孙元觉哭着跪倒在父亲面前，恳求他不要这样做。可是父亲却哄骗他："爷爷年老了，年老不死会变成妖怪的。"当父亲把爷爷放在山里要离开时，孙元觉对父亲说："扔了爷爷，把筐子拿回去吧。"父亲不明白他的意思，孙元觉说："等你老了，我好用它装你，把你扔到山里来啊。"父亲一听，大吃一惊，最终改变主意，又把祖父接回了家。

（三）**原文**

谏不入 悦复谏 号泣随 挞无怨

释义

你的劝说父母听不进去，那就笑着再劝；哪怕最后哭着苦苦哀求，甚至挨打也不要抱怨。

典 故

闵子骞谏父

闵子，字子骞，出生于中国春秋末期萧邑，孔子高徒，在孔门中以德行与颜回并称为七十二贤之一。

闵子骞小时候经常受继母虐待。冬天到了，继母的两个儿子穿的都是棉衣，而闵子骞穿的却是芦花做的衣服。一天，父亲刚从外面回来，见正在干活的闵子骞冻得发抖，而另两个儿子却面色红润。父亲很生气，以为闵子骞偷懒，就用鞭子打他。鞭子把衣服抽破了，露出了芦花，父亲一下子明白了真相，要把继母赶走。闵子骞一见，跪在地上哀求父亲说："母亲在，只有我一个人受冻，母亲如果离开，那么我们兄弟三人就会孤单。"父亲听他说的有理，就打消了赶走继母的念头。

闵子骞为人所称道，主要是因为他的孝，作为二十四孝子之一，孔子称赞道："孝哉，闵子骞！人不间于其父母昆弟之言。"元朝编撰的《二十四孝图》中，闵子骞排在第三，是中华民族文化史上的先贤人物，受儒教祭祀。

上面典故，充分地考虑到了长辈与小辈之间相处可能会出现的各种情形，是在教会人如何劝诫长辈，正确地指出他人的错误。

劝诫，无论是在亲子之间，还是上下级之间，都是一件关系到成长与发展的事情。在长辈犯了错误的时候，一定要和颜悦色，声音轻柔。一个人在生活中，必须注意自己的态度，注意自己的言语，考虑到自己的身份，维护尊长的地位和威信，这是传统文化的要求。

三　延伸学习：《大学》

原文

所谓诚其意者，毋自欺也。如恶恶臭，如好好色，此之谓自谦。故君子必慎其独也。小人闲居为不善，无所不至，见君子而后厌然，掩其不善，而著其善。人之视己，如见其肺肝然，则何益矣。此谓诚于中，形于外，故君子必慎其独也。曾子曰："十目所视，十手所指，其严乎！"富润屋，德润身，心广体胖，故君子必诚其意。

释义

使意念真诚的意思是说，不要自己欺骗自己。要像厌恶腐臭的气味一样，要像喜爱美丽的女人一样，一切都发自内心。所以，品德高尚的人哪怕是在独处的时候，也一定要谨慎。品德低下的人在私下里无恶不作，一见到品德高尚的人便躲躲闪闪，掩盖自己所做的坏事而自吹自擂。殊不知，别人看你自己，就像能看见你的心肺、肝脏一样清楚，掩盖有什么用呢？这就叫内心的真实一定会表现到外表上来。所以，品德高尚的人哪怕是在独处的时候，也一定要谨慎。曾子说:"十只眼睛看着,十只手指着,这难道不令人畏惧吗?!"财富可以装饰房屋,品德却可以修养身心,使心胸宽广而身体舒泰安康。所以,品德高尚的人一定要使自己的意念真诚。

四 延伸学习:《大学》——诗经"有斐君子"

原文

《诗》云:"瞻彼淇澳,菉竹猗猗。有斐君子,如切如磋,如琢如磨。瑟兮僩兮,赫兮喧兮。有斐君子,终不可喧兮!""如切如磋"者,道学也。"如琢如磨"者,自修也。"瑟兮僩兮"者,恂栗也。"赫兮喧兮"者,威仪也。"有斐君子,终不可喧兮"者,道盛德至善,民之不能忘也。

释义

《诗经》说:"看那淇水弯弯的岸边,嫩绿的竹子郁郁葱葱。有一位文质彬彬的君子,研究学问如加工骨器,不断切磋;修炼自己如打磨美玉,反复琢磨。他庄重而开朗,仪表堂堂。这样的一个文质彬彬的君子,真是令人难忘啊!"

这里所说的"如加工骨器,不断切磋",是指做学问的态度。这里所说的"如打磨美玉,反复琢磨",是指自我修炼的精神;说他"庄重而开朗",是指他内心谨慎而有所戒惧;说他"仪表堂堂",是指他非常威严;说"这样一个文质彬彬的君子,可真是令人难忘啊!"是指由于他品德非常高尚,达到了最完善的境界,所以使人难以忘怀。

注释

澳:水边弯曲的地方。

切磋:做学问的态度。

琢磨:自我修炼的精神。

庄重开朗:内心谨慎有所戒惧。

仪表堂堂:非常威严,文质彬彬的君子。

五　延伸学习：《论语》——"文质彬彬"

原文

子曰："质胜文则野，文胜质则史，文质彬彬，然后君子。"

——《论语·雍也》

释义

孔子说：性情过于直率就显得粗鲁，礼仪过于恭敬就显得虚浮，恰当的性情与礼仪，才是成熟的人该有的样子。

解析

这体现了孔子所竭力推崇的"君子"之理想人格，反映了一贯的中庸思想：不偏不倚，既不主张偏胜于文，也不主张偏胜于质。

第五节　入则孝之五：学会感恩　一生无憾

一　菜根谭经典名句

原文

德随量进，量由识长。故欲厚其德，不可不弘其量，不可不大其识。——菜根谭

释义

道德随着器量而增进，器量随着见识而增长。所以要深厚自己的品德，就不可不宏大自己的器量，又不可不扩大自己的见识。

解析

量弘德进。这句话引申的含义就是德高望重、量宽福厚。德跟量是互为

因果的，只有品德高尚的人，才会度量宽宏，其结果是在社会上受到人们尊敬，取得应有地位。而要有高尚的品德就必须先有高深的学问。增加学问是德、量的一个重要基础，是增量进德的一种有效方式。量弘德进是做学问、做人的基础。我们可以把"量弘识高，其德乃厚"作为座右铭。

滴水之恩当涌泉相报——中国人历来所崇尚的美德。人们应该学会感恩，即便微不足道，也切莫忘记，适时报答。怀有一颗感恩的心，能帮助你在逆境中寻求希望，在悲观中寻求快乐。感恩是一种处世哲学，也是生活中的大智慧。

二 《弟子规》入则孝之五

（一）原文

亲有疾　药先尝　昼夜侍　不离床

释义

父母病了，吃的药需自己先尝，看看是不是太苦、太烫；父母病倒在床上，要日夜护理，不离开他们身边。

典　故

汉文帝侍母

西汉时，汉文帝虽然贵为皇帝，却很孝顺自己的母亲。虽然每天都要处理很多公务，但他从没忘记到母亲的房间去问候。后来文帝的母亲病了，他日夜精心地服侍，甚至目不交睫，衣不解带，从未睡过一个安稳觉。每天母亲吃药时，他都要先亲口尝尝。常言道，久病床前无孝子。但汉文帝作为一个皇帝，侍奉母亲却从不懈怠，坚持三年之久，实在难能可贵。后来，汉文帝侍奉母亲的故事，成为千古传颂的佳话。

（二）原文

丧三年　常悲咽　居处变　酒肉绝

释义

父母去世之后，守孝期间（古礼三年），要常常追思、感怀父母教养的恩德；自己的生活起居必须调整改变，不能贪图享受，应该戒绝酒肉。

（三）**原文**

丧尽礼　祭尽诚　事死者　如事生

释义

办理父母亲的丧事要尽到礼节，祭拜要真心诚意；对待已经去世的父母，要如同生前一样恭敬。

典　故

"孝感"的由来

古时候，有个叫董永的人，母亲去世后和父亲相依为命。后来，父亲不幸去世，由于家里穷，董永连埋葬父亲的费用也凑不出来。为了埋葬父亲，他只好把自己典押给有钱人家当佣工。相传，董永的孝行感动了上天，九天仙女下凡，帮助董永还清了债务，还嫁给他为妻。戏剧《天仙配》的故事就是由此改编的。后来，人们便把仙人下凡的地方称作"孝感"。

这个故事虽然有些神话色彩，却教育我们要善待父母，孝顺双亲。中国讲孝，就是爱的回报。

我们要学会关爱、照顾父母，体贴入微，从细节入手。无论何时，对待自己的父母，真心诚意，对父母的爱一生不变。《诗经》和《论语》中都有相关内容的论述。

父兮生我，母兮鞠我，拊我畜我，长我育我，顾我复我，出入腹我。欲报之德，昊天罔极！

——《诗经·小雅·蓼莪》

大意：父母双亲啊！您生养了我，抚慰我、养育我、拉拔我、庇护我，不厌其烦地照顾我，无时无刻不怀抱着我。想要报答您的恩德，而您的恩德就像天一样的浩瀚无边！连用"生""鞠""拊""蓄""长""育""顾""复""腹"九个动词，直颂父母恩德。

> 宰我问："三年之丧，期已久矣。君子三年不为礼，礼必坏；三年不为乐，乐必崩。旧谷既没，新谷既升，钻燧改火，期可已矣。"子曰："食夫稻，衣夫锦，于女安乎？"曰："安。""女安则为之。夫君子之居丧，食旨不甘，闻乐不乐，居处不安，故不为也。今女安，则为之！"宰我出，子曰："予之不仁也！子生三年，然后免于父母之怀，夫三年之丧，天下之通丧也。予也有三年之爱于其父母乎？"
>
> ——《论语·阳货》

大意：宰我②问："服丧三年，时间太长了。君子三年不讲究礼仪，礼仪必然败坏；三年不演奏音乐，音乐就会荒废。旧谷吃完，新谷登场，钻燧取火的木头轮过了一遍，有一年的时间就可以了。"孔子说："（才一年的时间，）你就吃开了大米饭，穿起了锦缎衣，你心安吗？"宰我说："我心安。"孔子说："你心安，你就那样去做吧！君子守丧，吃美味不觉得香甜，听音乐不觉得快乐，住在家里不觉得舒服，所以不那样做。如今你既觉得心安，你就那样去做吧！"宰我出去后，孔子说："宰予真是不仁啊！小孩生下来，到三岁时才能离开父母的怀抱。服丧三年，这是天下通行的丧礼。难道宰予对他的父母没有三年的爱吗？"

这一段说的是孔子和他的弟子宰予之间，围绕丧礼应服几年的问题展开的争论。

孔子认为孩子生下来以后，要经过三年才能离开父母的怀抱，所以父母去世了，也应该为父母守三年丧。这是必不可少的。所以，他批评宰予"不

---

② 宰予（前522年—前458年），姓宰，名予，字子我，也称宰我，比孔子小29岁，鲁国人。

仁"。其实在孔子之前，华夏族就已经有为父母守丧三年的习俗，经过儒家在这个问题上的道德制度化，一直沿袭到今天。这是以"孝"的道德为思想基础的。

"孝是一种回报的爱"，孝是作为人最基本的良知。入则孝这一章让我们学会摆正说话的态度，学会放低姿态，学会接受和应对长辈批评。学会倾听，亦是一种态度、一种修养。掌握儒家劝谏文化，了解对方感受，学会与长辈、领导沟通的艺术以在社会上立足。

践悟《弟子规》，印证了"老吾老以及人之老"这一句话。入则孝这一章让我们学会思考，爱护父母要养成习惯，孝敬父母，学会感恩和原谅，护好父母的名誉更重要，待人处事接物学会"温良恭俭让"的态度。常怀感恩心，一生无憾事。我们每年清明扫墓，谓之对祖先的"思时之敬"，是缅怀父母恩德的活动，是学习孝道的教育课。同时，在公共场合，我们要尊敬老人，乘车时给老人让座，尽可能地提供帮助。

三 延伸学习：《大学》——絜矩之道

絜矩之道，是儒家伦理思想之一，象征道德上的规范，指君子的一言一行要有示范作用。儒家以"絜矩"来象征道德上的规范。絜矩之道也是同理心，让我们学会换位思考。

原文

所谓平天下在治其国者，上老老而民兴孝，上长长而民兴弟，上恤孤而民不倍，是以君子有絜矩之道也。

所恶于上，毋以使下，所恶于下，毋以事上；所恶于前，毋以先后，所恶于后，毋以从前；所恶于右，毋以交于左，所恶于左，毋以交于右；此之谓絜矩之道。

释义

所谓平定天下在于治理好国家的意思，是说在上位的人尊敬老人，老百姓就会孝顺自己的父母；在上位的人尊重长辈，老百姓就会尊重自己的兄长；在上位的人体恤救济孤儿，老百姓就不会背弃这一美德。所以，品德高尚的人总是实行以身作则、推己及人的"絜矩之道"。

如果厌恶上司对你的某种行为，就不要用这种行为去对待你的下属；如果厌恶下属对你的某种行为，就不要用这种行为去对待你的上司；如果厌恶在你前面的人对你的某种行为，就不要用这种行为去对待在你后面的人；如果厌恶在你后面的人对你的某种行为，就不要用这种行为去对待在你前面的人；如果厌恶在你右边的人对你的某种行为，就不要用这种行为去对待在你左边的人；如果厌恶在你左边的人对你的某种行为，就不要用这种行为去对待在你右边的人。这就叫作"絜矩之道"。

注释

老老：尊敬老人。前一个"老"字作动词，意思是把老人当作老人看待。

长长：尊重长辈。前一个"长"字作动词，意思是把长辈当作长辈看待。

恤：体恤，周济。

孤，孤儿，古时候专指幼年丧失父亲的人。

倍：通"背"，背弃。

第三章

《弟子规》之出则悌

"出则悌"为《弟子规》主修的第二门课，全文用11则132字，阐述弟子出了家门在社会上怎样顺从兄长、奉事兄长，与人和睦相处之道，以及与长辈相处的礼节与规矩。训练弟子谦恭有礼、懂得尊重别人，心胸开阔，与人为善。

悌，指弟对兄的尊敬和恭顺。"悌"的具体表现，也是善待同事这一思想的延伸和扩展，我们要在日常生活中去感悟和体会。

出则悌 11则132字

兄道友	弟道恭	兄弟睦	孝在中
财物轻	怨何生	言语忍	忿自泯
或饮食	或坐走	长者先	幼者后
长呼人	即代叫	人不在	己即到
称尊长	勿呼名	对尊长	勿见能
路遇长	疾趋揖	长无言	退恭立
骑下马	乘下车	过犹待	百步余
长者立	幼勿坐	长者坐	命乃坐
尊长前	声要低	低不闻	却非宜
进必趋	退必迟	问起对	视勿移
事诸父	如事父	事诸兄	如事兄

微课

第一节　出则悌之一：昭昭君子　冥冥之明

一　《菜根谭》经典名句

原文

肝受病则目不能视，肾受病则耳不能听；病受于人所不见，必发于人所共见。故君子欲无得罪于昭昭，必先无得罪于冥冥。

释义

肝脏感染上疾病，眼睛就看不清；肾脏染上疾病，耳朵就听不清。病虽然生在人们所不见的地方，但是病的症状必然发作于人们所能看见的地方。所以君子要想做到表面没有过错，必须先从看不到的细微地方下功夫。

解析

古人讲修身，主要是对自我道德的完善。俗话说问心无愧，所谓天知、地知、你知、我知，天网恢恢，疏而不漏。儒家教人修养心性，必须要从细微处下功夫。"昭昭君子，冥冥之明"阐述了表象与根源之间的联系，引发我们深深地思考：如果我们学习成绩下降了，如果我们做人出现了问题，那根源在哪里？

二　《弟子规》出则悌之一

（一）**原文**

兄道友　弟道恭　兄弟睦　孝在中

释义

兄长要友爱弟妹，弟妹要恭敬兄长。兄弟姊妹能和睦相处，父母欢喜，孝道就在其中了。

典故一 -

孔融让梨

孔融是东汉人，出身世家大族，是历史上著名的文学家。据说，孔融四岁的时候，就懂得谦让。有一次，有人送给他们家一筐梨，他和几个哥哥吃梨时，孔融挑了一个最小的。父亲问他："你怎么不拿大的呢？"孔融说："哥哥年纪大，应该吃大的，我年纪小，应该拿小的。"父亲连连点头称赞。这种尊敬兄长的孝悌之情是中华民族的传统美德，我们应该发扬光大。

典故二 -

陈昉百犬

原文

宋陈昉，自其祖崇遗制以来，十三世同居。长幼七百余口，不畜婢仆，上下亲睦，人无间言。每食，必群坐广堂，未成人者别席。有犬百余，共槽而食，一犬不至，群犬不食，乡里皆化之。州守张齐贤上其事，免其家徭。

释义

宋朝有个人叫陈昉，自从他的祖父陈崇留传家法以来，合族一同居住着，已经十三代了。家里大大小小共有七百多口人，而且不雇一个佣人。上上下下的人，都很和睦，没有一个人传家里人的闲话。家族每次吃饭的时候，大家都一起扶老携幼来到厅堂，老幼分席而坐。最令人感慨的是，他家里养了一百多只狗，也都在同一个槽子里吃饭，如果有一只狗还没有来吃饭，那么这一群狗都会等它，不肯先吃。因此他乡里间的人，都被陈家这种风气所感化。那时候的州官叫张齐贤，就把这个事情上奏朝廷，把陈昉家里的徭役统统都免了。

陈昉百犬的故事生动展现了中国传统的大家庭中和煦温馨的一面，成为中国家族友爱、履行孝道、悌道的典范，名垂千古。家族制定了严格的家规，其中最主要的部分是"孝、悌"，代代相传。友爱还影响到了家族所豢养的狗。它让我们了解到，和气就是家庭最温暖的阳光，能够使一个家庭枝繁叶茂，欣欣向荣，充满希望。

（二）**原文**

财物轻　怨何生　言语忍　忿自泯

释义

不贪图财物，兄弟之间就不会产生怨仇；言语上互相忍让，愤恨自然就消除了。

典　故

重义轻财

卜式是西汉时期著名的贤士，他对自己的弟弟很好，照顾得很周到。父亲去世后，兄弟两人分家，卜式把家中的财产都让给了弟弟，自己只要了一百多只羊。十几年过去了，卜式的羊群繁殖到上千只，他买了房屋，置办了土地。而这时弟弟却因经营不善而破产了，卜式于是又把自己的财产分了一半给弟弟。卜式不贪图财物，而且还能与亲人共享财富。这一行为感动了当时的人，大家都说他是一个重亲情、不爱财的君子。

从我们的生活经验来看，如果兄弟朋友之间不友爱，发生矛盾或有争端，原因大多是钱财或言语。如果大家都把财物看得轻一点，哪里还会有怨恨呢？如果大家在言语上都相互忍让一点，心里的不满也就会自然而然地随着时间的推移而逐渐消除。

（三）**原文**

或饮食　或坐走　长者先　幼者后

释义

对待长辈应懂得礼让。吃饭时让长辈先动筷子，就坐时让长辈先入座，走路时让长辈先行，晚辈随后。

典　故

信陵君敬老

信陵君是战国时期的四大公子之一，魏国国君的弟弟。虽然他的势力很大，有门客上千人，但是信陵君却是个敬老爱贤的人。有一次，他听说有一个看城门的老人侯嬴很有贤德，就十分郑重地前去请教。他亲自驾着车，把车上尊贵的位置空出来留给侯嬴。侯嬴也知道信陵君的名声，要看看他敬老爱贤是不是真的，所以信陵君去接他的时候，他故意装出傲慢的样子，但越是这样，信陵君对他越加恭敬。侯嬴见状，知道信陵君的敬老是真心的，于是痛快地做了他的门客。

（四）**原文**

长呼人　即代叫　人不在　己即到

释义

长辈呼唤人时，如果你听到了，应马上帮他呼叫；如果所叫的人不在，而你能做长辈吩咐的事，就应该前去照应。

典　故

杜环代人养母

杜环是明朝的一名官员，他父亲的一位朋友去世了，这家的小儿子也不知下落，剩下老母亲无人照顾。这位老人去找自己的亲戚，结果谁也不愿意照顾她。万般无奈之下，她只好到处寻找自己的儿子。杜环得知此事后，决定先赡养这位老妇人，并代老妇人寻找儿子的下落。后来，这位老人的儿子虽然找到了，但他匆匆见了母亲一面，就找借口离开了，从此再也没有露面。杜环便一直养着这位老妇人，对她很孝敬，就像对自己的母亲一样。

三 延伸学习：《道德经》

《道德经》是古老的"东方圣经"，对中国哲学、科学、政治、宗教等产生了深刻影响。据联合国教科文组织统计，《道德经》是除了《圣经》以外被译成外国文字发布量最多的文化名著。在日后的学习中，我们可以慢慢领悟《道德经》，进行人生修炼。首先学习《道德经》第一章，天地之始。

原文

道可道，非常道。名可名，非常名。无，名天地之始。有，名万物之母。故常无，欲以观其妙。常有，欲以观其徼。此两者，同出而异名，同谓之玄。玄之又玄，众妙之门。

释义

"道"如果可以用言语来表述，那它就不是永恒的"道"；"名"如果可以用文辞去命名，那它就不是永恒的"名"。"无"可以用来表述天地混沌未开之际的状况；而"有"，则是宇宙万物产生之本原的命名。因此，要常从"无"中去观察、领悟"道"的奥妙；要常从"有"中去观察、体会"道"的端倪（终极）。"无"与"有"这两者，来源相同而名称相异，都可以称之为玄妙、深远。它不是一般的玄妙、深远，而是玄妙又玄妙、深远又深远，是宇宙天地万物之奥妙的总门（从"有名"的奥妙到达无形的奥妙，"道"是洞悉一切奥妙变化的门径）。

导读

第一章老子提出"道"这个概念，作为自己的哲学思想体系的核心。道——宇宙的本源和实质，引申为原理、原则、真理、规律等。

"道"是《道德经》所要讲述的核心问题之一。《道德经》开篇点出"道可道，非常道"，初步揭示了"道"的真正内涵，它在天地生成以前就存在于浩瀚的宇宙中，当天地生成以后，道就在万事万物中发挥着自身作用，贯穿于万物生成、生长、发展、消亡的始终，作为一种自然规律客观地存在着。

第二节　出则悌之二：心胸开阔　与人为善

一　《菜根谭》经典名句

原文

面前的田地要放得宽，使人无不平之叹；身后的惠泽要留得长，使人有不匮之思。

释义

待人处世要心胸开阔，与人为善，使人不会有不平的怨恨；死后留下的福泽要能够流传得长久，才会赢得后人无穷的怀念。

解析

从万物个体的生命来看，生死仿佛为不幸之事，但从天地长生的本位来说，生与死，只是万物表层的变相。当一个人不被小节约束，更不为他人、外物影响时，就会无形中放宽自己的视野和心胸，从而成就自己的人生。

一个人心胸宽阔，为人处世公平，他身边的人就不会有不平之感。留给后人的恩泽要立足长远，这样才会使子孙后代过上幸福的生活。

二　《弟子规》出则悌之二

（一）**原文**

称尊长　勿呼名　对尊长　勿见能

路遇长　疾趋揖　长无言　退恭立

释义

有事情叫长辈，不能直接称呼他们的名字；长辈见识多广，在他们面前要多听，不要夸耀自己的才能。路上遇见长辈，应当赶快上前鞠躬问好；长辈没有和你说话时，要退在旁边恭敬站立，不要多言语。

典　故

圯桥进履

张良是汉朝的名将，年轻时非常尊重长辈。一天，他在圯桥边散步，发现一个身穿粗布衣服的老汉坐在桥头上。老汉见张良走过来，就把脚上的草鞋甩到桥下，对张良说："小伙子，给我把鞋捡上来。"张良以为老人是故意取笑自己，但见老汉年纪很大，只好下桥把鞋子拿了上来。老汉没有用手接鞋，而是把脚伸过来，张良又给老人穿上鞋子。事后，老人笑了。原来，老人是著名的学者黄石公，他见张良是可塑之才，就把神奇的兵书传授给了他。

（二）**原文**

骑下马　乘下车　过犹待　百步余

释义

遇到长辈时，骑马的要下马，乘车的要下车；长辈走过时，要在原地待一会儿，等长辈走过百余步后再离开。

典　故

汉惠帝敬老

汉惠帝刘盈是汉高祖刘邦的儿子，是当时的太子，但刘邦不喜欢刘盈，所以总想废掉他的太子之位。当时有四个德高望重的人，刘邦想让他们入朝做官，但这四位老人却嫌刘邦性格放荡不羁，刘邦多次相邀都被拒绝了。刘盈前去拜访他们，尊他们为长辈。这四位老人对刘盈的行为很感动，就答应跟随在他的身边。有一次，刘盈上朝，这四位老人在后边陪着他。刘邦见状大吃一惊，他请不到的人竟让儿子请来了。从此，刘邦打消了废太子的念头。

（三）原文

长者立　幼勿坐　长者坐　命乃坐

释义

假如长辈站着，做小辈的就不要自以为是地坐下来；长辈坐下后，招呼你坐下你才可以坐下。

典　故

王生结袜

张释之是汉朝著名的大臣，他非常尊重长辈。有一次，朝廷举行朝会，许多达官贵人都前来参加，场面十分热闹。这时有位叫王生的老人对张释之说："我袜子的带子开了，给我绑上吧。"张释之在众目睽睽之下很坦然地跪下来，恭恭敬敬地帮老人绑好袜子。张释之身为高官，却依然能做到礼贤下士、敬老尊贤，因此赢得了人们的尊敬，从此他的威信更高了。

三　延伸学习：《庄子》——"无用之用方为大用"

庄子与弟子走到一座山脚下，见一棵大树，枝繁叶茂，耸立在大溪旁，特别显眼。但见这树"其粗百尺，其高数千丈，直指云霄；其树冠宽如巨伞，能遮蔽十几亩地"。

庄子忍不住问伐木者："请问师傅，如此好大木材，怎一直无人砍伐？以至独独长了几千年？"伐木者似对此树不屑一顾，道："这何足为奇？此树是一种不中用的木材。用来作舟船，则沉于水；用来作棺材，则很快腐烂；用来作器具，则容易毁坏；用来作门窗，则脂液不干；用来作柱子，则易受虫蚀，此乃不成材之木。不材之木也，无所可用，故能有如此之寿。"听了此话，庄子对弟子说："此树因不材而得以终其天年，岂不是无用之用，无为而于己有为？"弟子恍然大悟，点头不已。庄子又说："树无用，不求有为而免遭斧斤；白额之牛，亢曼之猪，痔疮之人，巫师认为是不祥之物，故祭河神才不会把它们投进河里；残废之人，征兵不会征到他，故能终其天年。形体残废，尚且可以养身保命，何况德才残废者呢？树不成材，方可免祸；人不成才，亦可保身也。"庄子愈说愈兴奋，总结性地说："山木，自寇也；膏火，自煎也。桂可食，故伐之；漆可用，故割之。人皆知有用之用，却不知无用之用也。"

——《庄子·人世间》

生长在山上的树木，因为自然的需要而被砍伐；膏脂因为能照明而被燃烧。桂树可以食用，所以被砍伐；漆可以使用，因而被割皮。人人都知道有用的用处，而不知道无用的用处。有用有为必有害，无用无为才是福。阐发了常常被人忽视的"无用之用"，蕴含朴素的辩证法。人皆知有用之用，却不知无用之用也——每个人发现、找到自己的用武之地；无用方为大用，适应环境，坚持自己。

世间这一条道路很难走，生命要很有价值，自己处理生命要很有艺术，要懂得在哪个环境做什么。如果不晓得《弟子规》中的"勿见能"，则会招来侮辱，招来伤害。大家都在走的捷径，其实是最难的路。

对任何人来说，前进的动力是必不可少的，但最主要的还是培养自己的目标感和对自己的认识。你的能力决定了你的高度，要量力而行。子曰：三十而立。要想"立"，就要了解自己的能力，能做什么比想做什么更重要。首先要具备应有的能力，才能决定自己想要做的事情。不要眼高于天，要在自己心中放一把尺子，知道自己能做什么，适合做什么。要想办法把自己的才华放在最合适的位置上，这样我们才能得到成功的青睐。

(四) 延伸学习：《论语》——"三十而立"

> 子曰："吾十有五而志于学，三十而立，四十而不惑，五十而知天命，六十而耳顺，七十而从心所欲，不逾矩。"
>
> ——《论语·为政》

"三十而立"出自《论语·为政》中的这段话，是孔子对于自己在三十岁时所达到人生状态的自我评价。虽然不是人人都能做孔圣人，但"三十而立"也是我们常常挂在嘴边的一句话，每个要到这个阶段的人几乎都会扪心自问："我能立起来吗？"

孔子所说的"三十而立"中的"立"，不是指成家立业，是指他这个时候懂得了礼，言行都很得当。"立"是在对社会和自己都有比较明确的认识和理解的基础上的一种自我人格独立的意识。人的"立"意识是一种普遍的精神现象，具有自觉性、独立性、阶段性、过程性、内在和外在统一性等特征。三十而立，是说在学习和充实自己修养的基础上，确立自己为人处世、对待生活的态度和原则。

作为人生不同阶段所应达到的生活理想状态，三十岁前后应有所成就；应该能依靠自己的本领独立承担自己应承受的责任，并已经确定自己的人生目标与发展方向；应该拥有自己的价值观和判断力，能坦然地面对一切困难和有效地解决问题。是否立起来，要看自己的心中是否有主见，别人眼中是否有自己。三十岁是建立心灵自信的年纪，以内在的心灵标准衡量判定生命是否有了内省，对所做的事情有自信和坚定。

"三十而立"亦指立身、立业、立家。立身，就是确立自己的品格和修养，包括思想的修养、道德的涵养、能力的培养三个方面，是对每个人立足于社会最起码的要求。立业，就是确立自己所从事的事业，三十岁的人应该有比较固定的职业了；立业不但是求生的手段，也是尽到社会责任。立家，就是应该有了自己的家庭，年轻人必须担负起家庭的责任。

二十至三十岁这十年尤为重要。三十岁以前是用"加法"生活，三十岁以后要学会舍弃那些不是你心灵真正需要的东西。三十而立，千百年来这句话一直被大多数中国人所认同，它不仅指出了各个年龄段的人应该达到的人生境界，也为现代人的人生规划提供了某种程度的参考。

第三节　出则悌之三：路留一步　味减三分

一　《菜根谭》经典名句

原文

径路窄处，留一步与人行；滋味浓时，减三分让人食。此是涉世一极安乐法。

释义

在经过狭窄的道路时，要留一步让别人走得过去；在享受甘美的滋味时，要分一些给别人品尝。

解析

与人无争，就能收获一份从容；与物无争，自会抚育万物。多一些忍让和分享，就会让幸福持久。在生活中，无论是欲成大事的人，还是想安安稳稳过生活的人，都需要这样的胸怀，只有这样才能把万事万物的快乐和忧伤都汲取为自己的能量，心平气和地接受生活、接受自己。美好的东西只有共同享用才能体现它的价值，如果独自享用，就缺少了一份醇美。

二 《弟子规》出则悌之三

（一）原文

尊长前　声要低　低不闻　却非宜
进必趋　退必迟　问起对　视勿移

释义

在长辈面前说话，声音要低一些，但低得让人听不见是不合适的。去见长辈的时候，要快步上前，告退时要放慢步子。长辈问你话，要站起来回答，眼睛要看着长辈，不要东张西望。

典故

代人行孝

张苍是汉朝的丞相，他非常尊敬长辈。张苍年轻的时候，曾经得到王陵的许多照顾，所以张苍当官以后，为了感谢王陵，常常像对待父亲一样照顾他。后来，王陵死了，张苍这时已经是朝廷的丞相，但他常常在公务之余，一有空闲便去照顾王陵的母亲，甚至亲自伺候王母吃饭，然后再回家处理自己的私事。张苍贵为丞相，能这样谨慎恭敬地照顾长辈，足见中华民族尊老美德的源远流长。

（二）原文

事诸父　如事父　事诸兄　如事兄

释义

对待自己的叔叔伯伯，应该像对待自己的父亲一样；对待兄长辈的亲友，也应该像对待自己的兄弟一样。

典 故

海神妈祖

北宋时有一位女子叫林默，福建人，父亲、哥哥都是船夫。有一次出海，父亲和哥哥的船遇到了海难，父亲得救了，但哥哥却再也没回来。后来，林默为了避免更多的人遭遇哥哥的悲剧，经常冒着危险去救助那些过往的船只。由于操劳过度，年仅二十八岁的林默去世了。后来，人们为了纪念林默，便在我国沿海的许多地方专门修建了祠堂，以此来表达对她的怀念，并尊她为"海神妈祖"。

三　延伸学习:《论语》

子曰："吾十有五而志于学，三十而立，四十而不惑，五十而知天命，六十而耳顺，七十而从心所欲，不逾矩。"

——《论语·为政》

注释

十有五：十五岁。

有：通"又"。

立：能立于世，指知道按理的规定去立身行事。

天命：有上天的旨意、自然的禀性与天性、人生的使命、道义和职责等多重含义。

耳顺：对听到的话能够辨别其真伪是非。

不逾矩：指不超越礼法。

释义

孔子说："我十五岁时就立志学习，三十岁能自立于世，四十岁时遇事不会疑惑，五十岁能知道不为人力所支配的事情，六十岁能听得进不同人提出的意见，七十岁能从心所欲地做事情，但不会超越礼法。

孔子的一生，向我们展现出一个完整的卦象。

上九	自由道德融合	仁德境界	七十而从心所欲不逾矩
九五	坚持自己	相信自己	六十而耳顺
九四	道德使命	履行天命	五十而知天命
九三	遇事明晰	价值判断力	四十不惑
九二	自立于世	承担责任	三十而立
初九	立志学习	追求真理	吾十有五而志于学

孔子一生展示了各个年龄段应该达到的人生境界。

吾十有五而志于学：从十五岁开始，就立志把自己的一生奉献给学问，奉献给追求真理。

三十而立：三十岁的人应该能依靠自己的本领独立承担自己应承受的责任。三十立什么？——立身、立业、立家。

四十不惑：指判断力，尤其是价值判断力，即判断好坏、是非、善恶的能力。知道什么事情该做、不该做，什么话该说、不该说。四十明白了什么？对外，明白了社会；对内，明白了自己；对自己，明白了责任。

五十而知天命：认知天命，是仁，敬畏天命，是礼；履行天命，是义。生而为人，必须有所承担，无从推卸，是与生俱来的天命。五十知道了什么？知道了命运轨迹，不怨天；知道了人生定位，不尤人；知道了自己未尽的责任，不懈怠。

六十而耳顺：耳顺，是相信自己，坚持自己。自信，是知道自己的强大，不怕别人的批评、指责和嘲弄。理解别人，坚持自己。走自己的路，让别人去说吧。六十看透了什么？看透了人生，看透了生命，看透了名利。

七十从心所欲不逾矩：从心所欲，是自由；不逾矩，是道德，两者完全融为一体。七十应该怎样去做？顺其自然，随遇而安，不逾矩。

名人的成功不可能凭空而来，我们在看到他们成功的同时，也应看到其成功背后的人生积淀。让我们学习经典、感悟经典，努力挖掘生命的奥秘，活出精彩人生。

第四章

《弟子规》之谨

"谨"为《弟子规》主修的第三门课，全文17则204字，对弟子的惜时习惯、卫生习惯、生活习惯、穿戴习惯、饮食习惯、交往习惯、站立行走等方面作出要求，明确"四勿"要求，明确处事的时候有三个毛病需要杜绝。谨是有规矩的，谨慎乃护身符。让我们管理好日常事务，注重自身形象。

谨，指要严谨、谨慎、慎重、小心，生活不可以放纵逸乐。在日常生活中，我们要养成良好的行为习惯。言谈举止谨言慎行，从举手投足间养成良好的个人修养，学会自我反省，懂得礼让恭谦，为人处世品行端正、踏实而稳健，平平安安度过自己的人生。

谨 17则204字

朝起早	夜眠迟	老易至	惜此时
晨必盥	兼漱口	便溺回	辄净手
冠必正	纽必结	袜与履	俱紧切
置冠服	有定位	勿乱顿	致污秽
衣贵洁	不贵华	上循分	下称家
对饮食	勿拣择	食适可	勿过则
年方少	勿饮酒	饮酒醉	最为丑

微课

步从容　立端正　揖深圆　拜恭敬
勿践阈　勿跛倚　勿箕踞　勿摇髀
缓揭帘　勿有声　宽转弯　勿触棱
执虚器　如执盈　入虚室　如有人
事勿忙　忙多错　勿畏难　勿轻略
斗闹场　绝勿近　邪僻事　绝勿问
将入门　问孰存　将上堂　声必扬
人问谁　对以名　吾与我　不分明
用人物　须明求　倘不问　即为偷
借人物　及时还　人借物　有勿悭

第一节　谨之一：欲建功业　必绝偏激

一　《菜根谭》经典名句

原文

躁性者火炽，遇物则焚；寡恩者冰清，逢物必杀。凝滞固执者，如死水腐木，生机已绝，俱难建功业而延福祉。

释义

一个性情急躁的人，他的一言一行都如烈火一般炽热，所有跟他接触的人物都被焚烧；一个刻薄寡恩的人，他的一言一行就好像冰雪一般冷酷，不论任何人物碰到他都会遭到残害；一个头脑顽固而呆板的人，既像一潭死水，也像一株朽木，死沉沉的已经完全断绝了生机，这都不是成大功、立大业而能为社会造福的人。

解析

有三种人很难与其他人共事。第一种是性情急躁而不沉着的人，这种人对于任何事都无准备，完全听凭自己的浮躁之气去做，毫无沉着稳重的慎谋应变，他的个性就好像一团烈火，即使他在事业上小有成就，但也容易自毁前程，很难成就事业。第二种是刻薄寡恩而不讲情面的人，这种人虽然有一个冷静的头脑，但是他对人对事冷酷无常，人们见到这种人都觉得不寒而栗，所以他在事业上很难有什么建树，因为任何人都不愿意跟这种人合作。第三种是顽固不化而坚持己见的人。这种人遇到事情，丝毫不讲究通融迁就，既不让人，也不做有利于他人的事，他们的心性就宛如朽木毫无生气，所以这种人根本很难谈创造什么事业。

二 《弟子规》谨之一

(一) 原文

朝起早　夜眠迟　老易至　惜此时

释义

早上要早点起来，晚上要晚些上床入睡；人的一生很短，转眼就老了，应该珍惜年轻时的光阴。

典 故

温公警枕

司马光是宋朝著名的政治家和文学家，离世后被追封为温公，所以后来人们又叫他司马温公。司马光从小聪明过人，被誉为神童，但他并不骄傲，学习十分勤奋。为了每天能早起读书，他让人用圆木做了一个枕头。用这个枕头睡觉很不舒服，头只要一转就会滑下来，这样司马光就会惊醒，起来读书。后来，这个枕头就被称为"警枕"。司马光的勤奋好学，使得他的学识非常渊博，在事业上取得了很大成就。"温公警枕"的故事也成为后人学习的榜样。

(二) 原文

晨必盥　兼漱口　便溺回　辄净手

冠必正　纽必结　袜与履　俱紧切

释义

清晨起床后，必须洗脸、漱口；上厕所后，要把手洗干净，养成这种良好的卫生习惯。帽子要戴正，纽扣要系好，袜子和鞋子也都要穿得服帖。

结缨而死

孔子的学生子路虽然性情粗鲁，但很率真、直爽，同时也是一个非常讲究仪表的人。一年，卫国发生内乱，正在国外的子路听说以后，急忙返回。有人劝他："现在国中十分危险，去了很可能遭遇灾祸。"子路说："拿了国家的俸禄，就不能躲避祸难。"子路进城以后，想帮助国君平叛，结果因寡不敌众，被敌人的武士击中，帽子上的缨带也被割断了。子路知道自己难逃一死，立即停止搏斗，说："君子虽死，但不能让帽子脱落失礼。"于是从容地系好帽带子而死。

三　延伸学习：时间管理721法则

"朝起早，夜眠迟，老易至，惜此时"，指出了珍惜时间的重要性。时间如白驹过隙，按80岁计算，人生不过3万天。大学4年，在人生长河中，更是微不足道，除去寒暑假、节假日，不过1200天。你让自己的时间过得更有价值，时间就会让你的生命更有价值。关于时间管理的721法则，有3种方案。

1. 70%的时间用于当天工作，20%用于明天准备，10%用于下周计划筹措。

2. 70%的时间用于工作，20%用于家庭生活，10%用于娱乐社交。

3. 70%的时间专注工作，20%花在跟工作有关的新事物上，10%花在没关联的新事情上。

胡适先生说，人与人的区别在于8小时之外如何运用。有时间的人不能成功，挤时间的人才能成功。8小时之内决定现在，8小时之外决定未来。什么样的想法就有什么样的生活。一个人能有多大的出息，关键看他怎样对待自己的时间。你和时间的关系，就形成了你自己。如果你每天让大把的时间白白流失而不知道心疼，你就知道你为什么是现在这个样子了。如果你根本不滋养你的大脑，那么它自然也不能实现你的愿望。关于时间管理，《人民日报》曾提出16条建议。

【关于方向】

1. 明确工作的重点、目标，确定方向和流程，不做无用功。

【关于计划】

2. 按照月、周、日制定工作计划。

3. 了解每天任务，确定优先顺序，评估所需时间，分配时间。

【关于条理】

4. 把最重要的事情放在一天中状态最好的时间做。

5. 同性质、同种类、类似性高的工作一次解决。

【关于准备】

6. 提前做好准备，把工作中可能用到的资料、信息提前找好并分类，即取即用。

7. 将自己的经验、知识，转化成自己的"工具库"，做好资料的整理和储备。

【关于学习】

8. 保持学习习惯，不断学习新的知识与技能。

9. 提升创意，有时效率低是因为缺乏解决问题的方法。

【关于工具】

10. 学会运用高科技软件，让科技帮助你提升效率。

【关于合作】

11. 学会与人分工合作，利用别人的时间。

12. 分工合作的工作，要时时了解进度，调整计划，加强配合。

【关于提升】

13. 下班前花十分钟整理一天的工作，让工作更有条理。

14. 定期总结，让经验成为提升效率的助手。

【关于情绪】

15. 保持时间弹性，特别疲惫的情况下效率反而更低。

16. 学会休息，学会适时放松。

第二节 谨之二：气度高旷 自省慎独

一 《菜根谭》经典名句

原文

气象要高旷，而不可疏狂；心思要缜细，而不可琐屑；趣味要冲淡，而不可偏枯；操守要严明，而不可激烈。

释义

一个人的气度要高远旷达，但是不能太粗疏狂放；思维要细致周密，但是不能太杂乱琐碎；趣味要高雅清淡，但是不能太单调枯燥；节操要严正光明，但是不要太偏执刚烈。

解析

正直的人不会掩盖错误，而是会时时反省，不断自我完善。当一个人自省时就会把作为当局者的自己变成一个旁观者，而把另一个自己变成一个审视的对象，并站在旁观者的立场、角度来观察自己、评判自己。当一个人学会像旁观者那样审视自己时，他不仅会认识到自己的错误、把握做事的分寸，还有可能赢得别人的钦佩和信任。

二 《弟子规》谨之二

（一）原文

置冠服　有定位　勿乱顿　致污秽

衣贵洁　不贵华　上循分　下称家

释义

放置帽子和衣服，要有固定的地方，不可以到处乱丢，以至于弄乱、弄脏（养成物有定位的好习惯）；穿衣服贵在整洁，不在华丽；有职位的人要穿得符合身份，平常的人要穿得和家境相称，这就叫作得体。

──── 典 故 ────

王安石的衣着

王安石是宋朝有名的宰相之一，是中国历史上著名的政治家，不过他有一个很大的缺点，就是不讲究衣着卫生。他不爱洗澡，不爱换洗衣服，总是脏兮兮的。有一次，皇帝召见王安石和几位大臣一起商议国家大事。谈话的时候，一只虱子从王安石的衣服领子里爬出来，爬到了他的脸上。皇帝看到后，偷偷地笑了，可王安石却一点也不知道，后来这件事成为人们的笑谈。

（二）原文

对饮食　勿拣择　食适可　勿过则

释义

饮食不要挑挑拣拣，偏食会营养不良；吃东西也要适可而止，饮食过量会损害脾胃。

──── 典 故 ────

服食养生

嵇康是三国时期著名的文学家、思想家，他一生崇尚老庄思想学说，生活上恬静无为，特别注意养生。他曾经写过一篇文章叫《养生论》。在这篇文章中，嵇康讲述了人要有正确的生活态度，注意养生，只有做到这些，才可以达到健康长寿的目的。他在文中还特别提到，在饮食上要有节制，如果"饮食不节"，就会生百病。这些养生常识对我们今天的保健养生仍具有借鉴意义。

三 延伸学习：《道德经》第八章 不争无尤

原文

上善若水。水善利万物而不争，处众人之所恶，故几于道。居善地、心善渊、与善仁、言善信、正善治、事善能、动善时，夫唯不争，故无尤。

释义

最善的人好像水一样。水善于滋润万物而不与万物相争，停留在众人都不喜欢的地方，所以最接近于"道"。最善的人，居处最善于选择地方，心胸善于保持沉静而深不可测，待人善于真诚、友爱和无私，说话善于恪守信用，为政善于精简处理，能把国家治理好，处事能够善于发挥所长，行动善于把握时机。最善的人所作所为正因为有不争的美德，所以没有过失，也就没有怨咎。

导读

水是最普通、最常见的东西。老子借用水无形无体的特征，比喻人的逻辑思维也应该达到无形无体的境界。人因为受到形体的影响，所以总是难以达到"无"的境界。老子认为逻辑思维就要如同水一样不受形体的拘束，如此才能获得无所不能的效果。"不争"和"无忧"指的都是"非常道"才能看到的境界，是与宇宙相对的范畴。"上善"是"道德"的另外一种称谓，表示已具有最高贵的品质"道德"。老子把"道"作为宇宙的第一个因素，把"德"作为宇宙的第二个因素。能找到这两个因素，就等于达到了"上善"的境界。达到了这样的境界，就会展现七善"居善地、心善渊、与善仁、言善信、正善治、事善能、动善时"的境地。

关于七善的白话文解释：

居善地：水停留的地方都是众人厌恶的低洼之地；圣人选择的住宅则是不引人注目的地方，这样可以给生活带来安定并有利于修道。

心善渊：水渊则藏，含而不露；圣人虚怀若谷，从不自我炫耀。

与善人：水利万物而不害万物；圣人处世仁慈，无私奉献而不图回报。

言善信：水虽不言，却避高趋洼，平衡高低，有着至诚不移的规律性；圣人言行一致，以诚信为本。

正善治：水可以冲洗污垢，刷新世界；圣人为政，清正廉洁，善于消除腐败。

事善能：水能静能动、能急能缓、能柔能刚、能内能外、能升能隐。圣人做事"处无为之事，行不言之教"，一切遵循客观规律。

动善时：水，冬雪夏雨，随着季节的变化而变化，不违天时；圣人做事审时度势，伺机而动。

"上善若水"意味着最高境界的善行就像水的品性一样，泽被万物而不争名利。水有滋养万物的德行，它使万物得到它的利益，而不与万物发生矛盾、冲突，故天下最大的善性莫如水。水以它特有的柔弱、不争的性格，哪里低就流到哪里，随方就方，随圆就圆，无私地浇灌万物，供人们利用，抚育人和万物生长，从没有自恃、自我、自矜的行为，可谓至善完美。

第三节　谨之三：律己要严　待人宜宽

一　《菜根谭》经典名句

原文

人之过误宜恕，而在己则不可恕；己之困辱宜忍，而在人则不可忍。

释义

别人的过失和错误应该多加宽恕，可是自己有过失错误却不可心宽恕；自己受到屈辱应该尽量忍受，可是别人受到屈辱就要设法替他消解。

解析

恕以待人，忍以制怒；待人要宽，律己要严，是一种规范的待人之道。这种方式的核心是强调自悟。假如我们能以责人之心责己，就会减少自己很多过失；以恕己之心恕人，就可以维护良好的人际关系。己所不欲勿施于人，这种推己及人的恕道，是一个人修养品德的根本要诀，遇事应该设身处地为别人着想。

二　《弟子规》谨之三

（一）**原文**

年方少　勿饮酒　饮酒醉　最为丑

释义

年纪还小的时候，千万不可以（像大人那样）喝酒，因为喝酒后会失去理智，丑态百出，有失斯文。

喝酒误国

楚恭王与晋国的军队战于鄢陵，楚国打了败仗，楚恭王的眼睛也中了一箭。为准备下一次战斗，楚恭王紧急征召大司马子反前来商量对策。但是，子反却因为喝醉酒无法前来，从而延误战机。楚恭王只得对天长叹："天败我也。"这场战争最终以楚国战败而告终，醉酒误事的子反也被楚王以延误战机之罪杀头。

虽说"无酒不成席"，但酒也是"穿肠毒药"。过量饮酒会极大地损害自己的身体健康，还可能延误正事，"喝醉酒"有百害而无一利。因此，应尽量少饮酒，以免误事。

（二）**原文**

步从容　立端正　揖深圆　拜恭敬

释义

走路时要不慌不忙，站立时要姿势端正。作揖时要弯腰，让身体呈弯形，不论鞠躬或拱手，尽可能表示出你的恭敬。

张九龄的风度

张九龄是唐代著名的诗人，也是一位优秀的政治家。张九龄容貌清秀，平时总是衣冠整洁，走在路上，总显得风度翩翩、与众不同。所以，每当朝廷有重要的朝会，在众人中间，他总是很显眼，连皇帝对他的举止都赞赏不已。同一位衣着整洁而且有风度的人在一起，我们就会觉得愉快，感到精神焕发。相反，同一个不讲卫生又很俗气的人在一起，就会感到很难受。

一个人的威仪很重要。古圣先贤们对一个人的行、走、坐、卧等方面的礼仪都有很好的教诲。行、走、坐、卧的标准是：立如松，行如风，坐如钟，卧如弓，道法自然最自然。我们要养成良好的习惯，懂得礼仪，让自己有威仪。这不仅对自己健康有好处，还会在将来的学习、工作、家庭、待人接物中得到更多益处。

（二）原文

勿践阈　勿跛倚　勿箕踞　勿摇髀

释义

进门时脚不要踩在门槛上，站立时身体也不要站得歪歪斜斜的，坐的时候不可以伸出两腿，腿不可以抖动，更不要摇动胯，否则就显得你没有教养了。这些都是很轻浮、傲慢的举动，有失君子风范。

典　故

祢衡的遭遇

祢衡是东汉末年的大才子，学识过人，就连当时的著名文学家孔融也很佩服他。但是，祢衡自恃有才华，看不起别人，见了人很没礼貌。他说："当今世上最著名的是孔文举（孔融），其次就是杨德祖（即当时的另一个才子杨修）。其他的人均碌碌无为，不足称道。"由于他的高傲，最后引来了杀身之祸。孔融把他举荐给曹操，曹操看他傲慢无理，所以不重用他，后来又把他交给刘表，最后被刘表的将军黄祖杀掉了。由此看来，个人的修养看似小事，但有时也会决定一个人的命运。

三　延伸学习：沙漏法则

沙漏是一种测量时间的装置。西方的沙漏由两个玻璃球和一个狭窄的连接管道组成，通过充满了沙子的玻璃球，从上面穿过狭窄的管道流入底部玻璃球来对时间进行测量。一旦所有的沙子都已流到底部的玻璃球，该沙漏就可以被颠倒来进行下一次测量了。沙漏提醒我们时间管理的重要性与举止言谈、行为谨慎的规范。

人，如同沙漏。每天我们都有新的东西要学，有不同的事等着我们去做，但是，人的行为举止必须受制于这个瓶颈，言行谨慎，否则流沙就会失去美，沙漏之于时间就会出错。生命如同沙漏，而道德就像沙漏中间那个卡壳。在沙漏的上半部，有成千上万的沙子，它们在流过中间那条细缝时，都是平均而且缓慢的。

白岩松在重庆大学演讲时曾说，生命中有一个很奇妙的逻辑，如果你真的过好了每一天，明天还不错。如果你安安稳稳地做好大一学生应该做的事情，你的大四应该不错，可是你大一就开始做大四的事情，我想告诉你，你的大五会很糟糕。

沙漏法则培养人的发散式思维与集合式思维。学习沙漏法则，就是要端正心态，做人生每个年龄段应该做的事。人的心灵能否因为知识的灌入而丰盈，关键在于心灵本身沉静与否。一个人如若在这个过程中失去坚守，可能一时痛快，以后却要经受长期的心灵煎熬。当我们决心要学习某种知识技能时，首先要端正好心态，脚踏实地。见贤思齐，吾日三省吾身，学会与自己相处，保持心灵的无功利性，做大学生年龄段应该做的事。

第四节　谨之四：喜怒不愆　好恶有则

一 《菜根谭》经典名句

原文

吾身一小天地也，使喜怒不愆，好恶有则，便是燮理的功夫；天地一大父母也，使民无怨咨，物无氛疹，亦是敦睦的气象。

释义

我们自己的身体就等于是一个小世界，不论高兴或愤怒，都不可以犯错误，尤其对于好恶的东西也要有一定标准，这就是协和调整的功夫；大自然就像人类的大父母，要让每个人没有牢骚怨尤，使万物没有灾害而顺利成长，这也是造物者的一番恩德，天地间一片平和的景象。

解析

中国古代便有关于和谐的理念，不逾矩、不失范，方能调和谐和。和谐，即调和、协调使之和睦之意。为人处世，无论举止言辞、情感观念都要有一个准则。要让人平和地对待你，首先需要你去认真对待别人。敦睦万物主要在你自己的心性修为。内心要自然流露，生命要豁达开放，首先就要拥有一颗纯净飘逸的心，如白云般随风飘泊，安闲自在，任意舒卷。随时随地，随心而安。随不是跟随，而是顺其自然，不怨怒、不躁进，不过度、不强求，不悲观、不刻板，不慌乱、不忘形，不以物喜、不以己悲。如此才能发现自己的本性，从而随性平和。

二 《弟子规》谨之四

（一）**原文**

缓揭帘　勿有声　宽转弯　勿触棱

释义

掀帘子的时候，动作要轻，尽量不要发出响声；转弯的地方，行动幅度要大，不要碰着东西的棱角，否则就会造成不必要的伤害。

苏嘉折辕

苏嘉是西汉著名大臣苏武的哥哥，曾经负责给皇帝驾车。有一次皇帝外出，苏嘉给皇帝驾车，从都城长安来到郊外的行宫。当皇帝正要下车时，苏嘉因为不小心，一下子把车辕撞到了门前的柱子上。车辕被折断了，皇帝也受了惊吓。结果，苏嘉被判为大不敬的罪责，只好自杀。看来，做任何事情都应该小心谨慎。一件小事如果处理不好，有时也会酿成大祸。

（二）原文

执虚器　如执盈　入虚室　如有人

释义

拿着空的用具，就像拿着盛满东西的用具一样小心翼翼；走进空房间，也要像主人在家那样谨慎，不要乱走乱动。

┃ 典 故 ┠- -

不欺暗室

蘧伯玉是春秋时期卫国的大夫，是一个非常讲究礼仪的人。有一天晚上，卫灵公和夫人在庭院中赏月，忽然听到有车马的声音，但经过王宫门口时，却没了动静。过了一会儿，车马声又在远处响了起来。原来，当时的礼节规定，大臣经过国君的门口要下车，以表示恭敬。蘧伯玉绝不因为晚上没有人看见就废弃了礼节。这件小事可以看出蘧伯玉的谨慎和认真。

（三）原文

事勿忙　忙多错　勿畏难　勿轻略

释义

做事情不要慌忙，忙乱就容易出错；不要害怕困难，要知难而进，同时不要马虎草率，做任何事都要认真对待。

典 故 ----------------

坚持改错

从前，有一个少年叫徐文靖，从小调皮捣蛋，同学们都不愿意和他交朋友。后来，在老师和父母的帮助下，他决定痛改前非。为了能够改变不良习惯，他想了一个办法。他找来两个小瓷瓶，分别存放黑豆和黄豆。每当做了好事，就在一个瓶子里放一颗黄豆；每当做了错事，就在另一个瓶子里放一颗黑豆。过一段时间，他把两个瓶子里的豆子倒出来，进行检查、反省。渐渐地，黄豆多了，黑豆少了，最终他改掉了不良的习惯。

"事勿忙，忙多错，勿畏难，勿轻略"，告诫我们处事的时候有三个毛病需要杜绝：匆忙、畏难和轻率。不管做什么事情都要考虑周围的环境，考虑他人的存在，不要因为行为不慎，伤害自己或者他人。俗话说，大意失荆州。一个骄傲、自满、行事大意的人，是不可能小心谨慎的。骄傲的人，总是过高估计自己而过于看低对方。于是，准备不足，贸然行事，轻率行动，酿成祸患或者导致失败。

（四）**原文**

斗闹场　绝勿近　邪僻事　绝勿问

释义

遇到喧闹争斗的场合，绝对不可走近；遇到不正当的事情，也少打听。

典 故 --

管宁割席

原文

管宁、华歆尝同席读书，有乘轩冕过门者，宁读如故，歆废书出看。宁割席分座，曰："子非吾友也。"

——《世说新语·德行》

释义

管宁是三国时期人，他从小做事认真专注，从不分心。有一次，管宁和朋友华歆坐在一张席子上读书。管宁十分认真，专心致志地阅读，可是华歆却不那么专注。忽然，门外的大街上人声嘈杂，据说是一个大官经过这里。华歆再也坐不住了，心想：出去看看也许可以交一个朋友，于是放下书本看热闹去了。管宁对朋友这种三心二意的态度很生气，于是拿出刀子，割断了坐在身下的席子，表示和华歆绝交。

三 延伸学习：《道德经》第二十二章 圣人抱一

原文

曲则全，枉则直；洼则盈，敝则新；少则得，多则惑。是以圣人抱一为天下式。不自见，故明；不自是，故彰；不自伐，故有功；不自矜，故长。夫唯不争，故天下莫能与之争。古之所谓"曲则全"者，岂虚言哉？诚全而归之。

释义

委曲便会保全，屈枉便会直伸；低洼便会充盈，陈旧便会更新；少取便会获得，贪多便会迷惑。所以有道的人坚守这一原则作为天下事理的范式，不自我表扬，反能显明；不自以为是，反能是非彰明；不自己夸耀，反能得有功劳；不自我矜持，所以才能长久。正因为不与人争，所以遍天下没有人能与他争。古时所谓"委曲便会保全"的话，怎么会是空话呢？它实实在在能够达到。

导读

　　普通人所看到的只是事物的表象，看不到事物实质。老子从自己丰富的生活经验中总结出带有智慧的思想，给人们以深刻的启迪。生活在现实社会的人们，不可能做任何事情都一帆风顺，极有可能遇到各种困难，在这种情况下，老子告诉人们，可以先采取退让的办法，静观以待变，然后再采取行动，从而达到自己的目标。

　　在"曲"里存在着"全"的道理，在"枉"里存在着"直"的道理，在"洼"里存在着"盈"的道理，在"敝"里存在着"新"的道理，因而把握了其中的奥秘，就可以做到"不争"。事实当然并非完全如此，有些事不争也可以取得成功，有些事不争就不能取得成功。

　　有时，处世不要走直路，走弯路才能全。"曲则全，枉则直"是老子利用古代得道的圣人之言来阐明一种谦退而有益的处世策略，也是老子的主要思想之一。

　　为了更好地理解本章《道德经》，我们一起来看马嘉鱼的故事。马嘉鱼是一种生活在深海里的鱼，它有着银色的外皮，燕子一样的尾巴，样子非常美丽。平时它们都生活在深海中，只有春夏之交会溯流而上，然后随着海潮去产卵，这也是渔民捕捉它们的最佳时机……渔民们的捕捉方法很简单：用一孔眼粗的疏的竹帘子，下端系上铁块，放入水中，竹帘的三面都敞开，由两只小艇拖着，拦截鱼群。这种鱼的个性很强，不喜欢转弯，即使闯入渔网中也不会停止。帘孔随之紧缩，孔越紧，马嘉鱼越激怒，瞪起鱼眼，张开脊鳍，更加拼命地往前冲，结果被牢牢卡死，为渔人所获。

　　其实网住马嘉鱼的是它们自己，自投罗网。人生的道路有很多种走法，有时候变一变、转一转，死路也可以走活。马嘉鱼是我们人生中的镜子，退一步海阔天空。生活中，常有人一方面抱怨人生的路越走越窄，看不到成功的希望；另一方面又因循守旧、不思改变，习惯在老路上继续走下去。这是不是有些像马嘉鱼？其实，天生我材必有用。如果我们调整一下目标，改变一下思路，完全会出现柳暗花明又一村的无限风光。马嘉鱼是我们人生中的镜子，当我们遇到困难的时候，千万要冷静，用平和的心态面对一切，其实这也是最基本的生存之道。

第五节　谨之五：知人者智　自知者明

一　菜根谭经典名句

原文

听静夜之钟声，唤醒梦中之梦；观澄潭之月影，窥见身外之身。

释义

细听夜阑人静时从远处传来的钟声，可以把我们从人生的梦境中唤醒；静看清澈的潭水中倒映的月影，可以发现真正的自我本性。

解析

吾日三省吾身。在古代的先贤那里，反思自身是一种不可或缺的行为，它应时刻伴随身旁，要不断地对自己的灵魂进行拷问。人生最大的敌人是自己。只有那些能认真审视自己，时刻反省自己的人，才可能真正觉悟。只有这样才能明白自己到底是谁，才能明白这世间什么事可为，什么事不可为。

二 《弟子规》谨之五

（一） 原文

将入门　问孰存　将上堂　声必扬

人问谁　对以名　吾与我　不分明

释义

将要入门之前，应先问："有人在吗？"不要冒冒失失地跑进去。进入客厅之前，应先提高声音，让屋内的人知道有人来了。如果屋里的人问："是谁呀？"应该回答自己的名字，而不是"我"，让人无法分辨我是谁。

典故

程门立雪

杨时是宋朝著名的学者，为人十分谦虚，经常虚心向别人请教问题。程颐、程颢是当时很有名望的大学者，杨时十分敬仰他们的学问，就专程到洛阳去拜访。一天，大雪纷飞，杨时读书碰到了疑难问题，便同一起学习的游酢冒着大雪去程颐家求教。当他们来到老师家时，见老师坐在椅子上睡着了，为了不影响老师休息，就在门前站着等候。当程颐醒来时，杨时和游酢脚下的雪已经积了一尺厚了。杨时这种恭敬受教、尊敬师长的做法值得我们学习。

程门立雪旧指学生恭敬受教，现指尊敬师，比喻求学心切和对有学问长者的尊敬。成语出自《宋史·杨时传》："至是，游酢、杨时见程颐于洛，时盖年四十矣。一日见颐，颐偶瞑坐，游酢与时侍立不去。颐既觉，则门外雪深一尺矣。"

（二） 原文

用人物　须明求　倘不问　即为偷

释义

借用别人的物品，一定要事先讲明，请求允许。如果没有事先征求同意，擅自取用就是偷窃的行为。

典故

查道的信义

北宋时期，有一个叫查道的人，一天早上，他和仆人挑着礼物去看望远方的亲戚。到了中午时分，两人都感到肚子有些饿了，可是方圆几里地都没有一家饭铺，怎么办呢？于是仆人建议从礼物中拿些食物吃。查道说："那怎么行呢？这些礼物既然要送人，便是人家的东西了。我们要讲信用，怎么能偷吃呢？"结果，两个人只好饿着肚子继续赶路。查道把送人的礼物都当成人家的东西，不随便处理，那么借用别人的东西时，就更要征得主人的同意了。

（三）**原文**

借人物　及时还　人借物　有勿悭

释义

借了别人的东西，要爱惜使用，并及时归还。当别人向你借东西时，如果你正好有这样的东西，也不要小气、吝啬，要大方地借给人家。

典故

宋濂借书

明朝有一位叫宋濂的人，家里很穷，根本买不起书。宋濂为了学习知识，常常借书读。许多富有的人家藏书很多，但是都不愿意借给他。有一次，宋濂又到一家富户借书看，这家人不愿意借给他，所以借的时候讲明十天之内要还回来，可十天根本就读不完那本书。到了第十天早晨，天下着大雪，那家人以为宋濂不会来还书了，可是宋濂却冒雪把书送了回来。主人很感动，他告诉宋濂以后可以随时来看书，不再给他限定借书时间了。

典 故

义不摘梨

元朝时，有一个叫许衡的人，盛夏行路时因天气炎热，口渴难耐，路边正好有一棵梨树，路人纷纷去摘梨吃，唯独许衡静坐树下不动。有人不解地问："何不摘梨解渴？"许衡答曰："不是自己的梨，岂能乱摘！"那人笑其迂腐："世道这么乱，梨树哪有主人！"许衡正色道："梨虽无主，难道我们的心也无主了吗？"

《说文解字》对"谨"字释义为慎也。与谨相关的词有畏、敬、恭、俭、让、勤等。古人教子，立身处世，谨言慎行。谨言慎行是历代先贤告诫后人为人处世的基本准则。《弟子规》将"谨"的规范扩大到了日常生活的方方面面。谨要求每一个人立身处世要小心谨慎，要接受社会规则的约束，遵循一定的道德准则，千万不能放纵自己，这是儒家对个人修养的一种基本要求。人生在世，在任何诱惑、任何磨难面前，都能够剖析自己"吾心中是否有主"，做自尊自律的人，就不会随波逐流，不会丧失自己的人格尊严。

学习《弟子规》"谨"这一篇章，更让我们思考，学习经典不只是读一读、念一念，而是要"深思、细思、精思"。北宋哲学家张载《经学理窟·义理》中写道："书须成诵，精思多在夜中，或静坐得之。不记则思不起，但通贯得大原后，书亦易记。"子曰："君子欲讷于言，而敏于行。"君子说话要谨慎，而行动要敏捷。少说多做，也是当今社会大多数人应遵循的准则。

三 延伸学习：《道德经》第二十四章 自是不彰

原文

企者不立，跨者不行；自见者不明；自是者不彰；自伐者无功；自矜者不长。其在道也，曰：余食赘形。物或恶之，故有道者不处。

释义

踮起脚跟想要站得高，反而站立不住；迈起大步想要前进得快，反而不能远行；自逞已见的反而得不到彰明；自以为是的反而得不到显昭；自我夸耀的建立不起功勋；自高自大的反而不可能长久。从道的角度看，以上这些急躁炫耀的行为，只能说是剩饭赘瘤。因为它们是令人厌恶的东西，所以有道的人决不这样做。

导读

老子用"企者不立，跨者不行"作比喻，说"自见、自是、自伐、自矜"都是人类的通病，后果都是不好的，是不足取的。做人不可过于虚荣、张扬和妄自尊大。这些轻浮、急躁的举动都是反自然的，短暂而不能持久。急躁冒进，自我炫耀，反而达不到自己的目的，也喻示着雷厉风行的政举将不被人们所普遍接受。

老子在本章阐述了自己的处世思想：谦虚退让、柔弱无为。我们不可以奢望一步登天，也不要急于求成，那样只会导致失败。我们要知道欲速则不达，只有一步一个脚印，按照事物的发展规律办事，才有可能登上成功的峰顶。

第五章

《弟子规》之信

　　"信"为《弟子规》主修的第四门课，全文15则180字，阐述一个人在社会上与他人打交道时，在语言、行为上要做到言必行、行必果，即言而有信和自律。告诫弟子学习说话依据怎样的原则，什么话绝对不能说，什么样的言语需戒除，以及注意说话的语气与如何注重外表形象。针对善恶每天怎样反省自己，怎样控制自己的情绪，怎样改正错误，生活上如何自我审视，自我激励，以诚待人，以德服人，再现真心。

　　《说文解字》中写道：信，诚也。诚，信也。信是人言，信是信义，信是义务。《弟子规》作为一本儒家启蒙教育读本，更是将"信"作为一个独立的单元来编排，阐述诚实守信、恪守承诺是做人的关键。信是人在社会上的立足之本。让我们在日常生活中，坚持诚信为本。诚信是中华民族的优良传统，也是儒家伦理的重要内容，更是一个人安身立命的基础。

信　15则180字

凡出言	信为先	诈与妄	奚可焉
话说多	不如少	惟其是	勿佞巧
奸巧语	秽污词	市井气	切戒之
见未真	勿轻言	知未的	勿轻传

微课

事非宜　勿轻诺　苟轻诺　进退错
凡道字　重且舒　勿急疾　勿模糊
彼说长　此说短　不关己　莫闲管
见人善　即思齐　纵去远　以渐跻
见人恶　即内省　有则改　无加警
唯德学　唯才艺　不如人　当自砺
若衣服　若饮食　不如人　勿生戚
闻过怒　闻誉乐　损友来　益友却
闻誉恐　闻过欣　直谅士　渐相亲
无心非　名为错　有心非　名为恶
过能改　归于无　倘掩饰　增一辜

第一节　信之一：以诚待人　以德服人

一　《菜根谭》经典名句

原文

遇欺诈之人，以诚心感动之；遇暴戾之人，以和气薰蒸之；遇倾邪私曲之人，以名义气节激励之。天下无不入我陶冶中矣。

释义

遇到狡诈不诚实的人，用真诚的态度去感动他；遇到粗暴乖戾的人，用平和的态度去感染他；遇到行为不正、自私自利的人，用道义名节去激励他。那么天下就没有人不受到我的感化了。

解析

真诚才感人，让我们在日常生活中，扫去一切阴霾和忧愁、绽放出灿烂的笑容。用以诚待人、以德服人的态度来面对大千世界，在千变万化中以不变应万变。即使是冥顽不化的人，也能够被感化。

诚信是对自己，也是对别人、家庭与社会发自内心的一种优良品质。"诚"意味着忠诚、诚实；"信"意味着信誉、承诺。诚信是责任感的体现。表面上看，诚信是一种自律行为，然而诚信的本质内涵却是大智慧，即"我为人人，人人为我"是"与人方便，于己方便"。成功从诚信开始。

二　《弟子规》信之一

（一）原文

凡出言　信为先　诈与妄　奚可焉

释义

说话最要紧的是诚实讲信用；说谎话，说胡话，都是不可以的。开口说话，诚信为先，答应他人的事情，一定要遵守承诺，没有能力做到的事不能随便答应，至于欺骗或花言巧语，更不能使用。

典故一 ┄┄┄┄┄┄┄┄┄┄┄┄┄┄┄┄┄┄┄┄┄┄┄┄┄┄┄┄┄┄┄┄┄┄┄┄┄┄┄

立木为信

春秋战国时，秦国的商鞅在秦孝公的支持下主持变法。当时处于战争频繁、人心惶惶之际，为了树立威信，推进改革，商鞅下令在都城南门外立一根三丈高的木头，并当众许下诺言：谁能把这根木头搬到北门，赏金十两。围观的人不相信如此轻而易举的事能得到如此高的赏赐，结果没人肯出手一试。于是，商鞅将赏金提高到五十金。重赏之下必有勇夫，终于有人站起将木头扛到了北门。商鞅立即赏了他五十金。商鞅这一举动，在百姓心中树立起了威信，而商鞅接下来的变法就很快在秦国推广开了。新法使秦国渐渐强盛，商鞅变法因此取得了成功。

典故二 ┄┄┄┄┄┄┄┄┄┄┄┄┄┄┄┄┄┄┄┄┄┄┄┄┄┄┄┄┄┄┄┄┄┄┄┄┄┄┄

同窗践约

东汉时期，在京城洛阳读书的张劭和范式是一对同窗好朋友，学成离别那天，张劭流着眼泪说："今日一别，不知何时才能相见？"范式安慰他说："两年后的中秋节中午，我会到你家与你见面，并拜见令尊。"

两年后中秋节，张劭杀了鸡、备好饭，并告知了父亲。父亲怀疑地说："他家远在江南，遥隔数千里，会来赴约吗？"张劭说："范兄是个讲信义的人，必定会来。"此时，远处尘土飞扬，一匹快马飞奔而来，来人正是范式。多年后，张劭临死时对妻子说："范兄是可托付之人。"后来范式果然替他精心办理丧葬，还非常尽心地照顾他的妻儿老小。

（二）**原文**

话说多　不如少　惟其是　勿佞巧

释义

话说得多不如说得少，凡事实实在在，千万不要讲些不合实际的花言巧语。

典　故 -

妙语救人

诸葛瑾是三国时期孙权手下的大臣，平时话不多，但常常在紧要关头用几句话化解矛盾和干戈。有一次校尉殷模被孙权误解，要被杀头，大臣们都向孙权求情，人们越劝，孙权越生气，这样僵持了很久。当时只有诸葛瑾一言不发，孙权感到很奇怪，就问："你为什么不说话啊？"诸葛瑾说："我与殷模的家乡遭遇战乱，所以才来投奔陛下。现在殷模不思进取，辜负了您，还求什么宽恕呢？"

短短几句话，孙权就感到殷模不远千里来投奔自己，即使有什么过错也应该原谅，于是就把殷模赦免了。

（三）**原文**

奸巧语　秽污词　市井气　切戒之

释义

存心不良的花言巧语或刻薄挖苦、下流肮脏的话，都不要讲，无知无识的小市民习气，千万要戒除。

典　故 -

说话的艺术

战国时期，服子言谈举止特别讲究礼貌。有一天他去拜访一位朋友，那家人非常客气，邀请了许多朋友陪他一起游玩。有一位客人想趁机向服子请教问题。服子很直率地说："你有几个不足之处。"客人一愣，说："请讲。"服子说："恕我直言，你一见我就嘻嘻哈哈的，这是一种轻浮的表现；第二，交谈中你不称我为老师，是不够尊敬我；第三，我们交情很浅，而你谈得很深，太随便了。"由此可见，与人交谈说话，是要讲究方式的。

相传古时候，八户人家共用一口井，满八户人家就要掏一口井，大家共用。所以市井慢慢地就引申为人口聚集的地方，也有集市的意思。市井气是什么？就是所谓的俗气，指说话粗俗鄙陋，缺乏涵养，而且有时还尖酸刻薄。市井气，一定要戒除。

三　延伸学习：《论语》——"己所不欲，勿施于人"

"己所不欲，勿施于人"出自《论语·颜渊》，是说自己不喜欢、不愿意接受的，就不要施加、强加给别人。如果自己都不希望被人此般对待，推己及人，自己也不要那般待人。如饥寒是自己不喜欢的，不要把它强加给别人；耻辱是自己不喜欢的，也不要把它强加给别人。将心比心，推己及人，从自己的利与害想到对别人的利与害，多替别人着想，这是终生应该奉行的原则。

人应该有宽广的胸怀，待人处世之时切勿心胸狭窄，而应宽宏大量，宽恕待人。人与人之间的交往确实应该坚持这种原则，这是尊重他人、平等待人的体现。对他人的失意、挫折和伤痛，我们应换位思考，以一颗宽容的心去了解、关心他人。一个不会说话的人或不受欢迎的人，并不是品质有问题，往往是不懂得换位思考。推己及人这种替别人着想的道德情怀在全世界也有着广泛的影响。

第二节 信之二：忠恕待人 养德远害

一 《菜根谭》经典名句

原文

不责人小过，不发人阴私，不念人旧恶，三者可以养德，亦可以远害。

释义

不责难别人微小的过错，不揭发别人的隐私秘密，不记住别人过去的错误。这三种做法都可以培养一个人的品德，也可以使人远离危害。

解析

做人的基本原则：君子有容，其德乃大。君子很有气度，拥有高尚的品德。从来没有永远平静的大海，也从来没有一马平川的人生，只要是与人相处，脾气再好的人也或多或少地会有和别人发生口角及争执的时候，这个时候如果针尖对麦芒地应对，只会让整个人生陷入悲伤的循环中。只有宽容，接纳不如意，继续往前走，才能摆脱这种循环。恢宏大度，胸无芥蒂，才能吐纳百川，既养德又远害。

真正有智慧的人是不会被流言中伤的，因为他们懂得用沉默来对待那些毫无意义的流言诽谤。从这个层面上来看，他们的沉默就是一种胸襟，这种胸襟就是养德远害的方法所在。

二 《弟子规》信之二

（一）**原文**

见未真　勿轻言　知未的　勿轻传

事非宜　勿轻诺　苟轻诺　进退错

释义

看到的事情没有弄清楚，不要随便乱说；听来的事情没有根据，不要随便乱传。别人要你做的事如果不正当，不要随便答应；如果信口答应了，不论做还是不做，都是你的错。

典故一 ----------------------------------

直不疑辟谣

直不疑是西汉时期南阳人，为人好学，不图名利，是位忠厚的长者。后来，直不疑被朝廷任命为高官，有人嫉妒他，就诽谤他说："直不疑相貌虽好，但品行不端，与他嫂子有不正当关系。"许多人听说后，相信并传开了。后来直不疑说："他们真是一派胡言，我根本就没有哥哥。"可见这是谣言。由此看来，遇到事情，如果没有根据，就不要轻易地乱讲，也不要轻信。

典故二 ----------------------------------

信守诺言

古时候，有一个叫赵柔的人，因学识渊博、品德高尚而闻名于世。有一次，赵柔和儿子一起到集市上卖犁，有个人准备出二十匹绢买下犁。双方谈好价钱后，那个人回去取绢去了。这时，又来了一个商人，看到赵柔的犁质量好，立即要出三十匹绢买下。儿子听到商人的价钱高，就想卖给这个人。赵柔对儿子说："说话要算数，怎么能因为有利可图而放弃信用呢？"后来，第一个买主来了，赵柔父子就把犁卖给了他。赵柔信守诺言，被人们传为佳话。赵柔的这种做法，真正做到了以身作则，相信他的儿子将终其一生牢记父亲的教诲"不能因为利益而放弃信用"。

（二）原文

凡道字　重且舒　勿急疾　勿模糊

释义

　　说话的时候，咬字要准，吐音要重而且舒畅，说话时不要讲得太快，也不可以讲得含糊不清。

典　故 -

裴秀学礼

　　裴秀是西晋时期的一位大臣，从小就勤奋学习，从不放过任何一个机会。裴秀出生于一个官僚贵族家庭，所以家中常常有客人来访。家中每次宴请客人时，母亲总是让他端饭送菜，服侍客人。裴秀便把接待客人也当成一个学习的机会，在接待过程中，总是言语恭敬，举止有礼，并借机和客人交谈几句。客人们见他如此虚心懂礼，也都很喜欢他。由于裴秀谈吐优雅得体，所以他的名声很快就传开了。

三　延伸学习："55387"定律

　　根据美国心理学家、社会语言学家艾伯特·梅拉比安（Albert Mehrabian）总结得出形象沟通的"55387"定律，即决定一个人的第一印象中，55%体现在外表、穿着、打扮，38%体现在肢体语言及语气，而谈话内容只占到7%。可见注重第一印象，注重我们的外表形象，注重我们的说话语气（言辞与语调），对于我们整体的事业和生活来说是多么的重要。

　　心理学家认为，声音决定了一个人38%的第一印象。当人们看不到一个人时，音质、音调、语速的变化和表达能力决定这个人说话可信度的85%。声音由体内器官发出，反映着人体的很多状态，如情绪、情感、年龄、健康状态、喜好等。声音是身体最美的旋律，它自然天成，魅力持久，而且可以在后天的努力之下，越来越美。

（四）延伸学习：《道德经》第二十五章　道法自然

原文

有物混成，先天地生。寂兮寥兮，独立而不改，周行而不殆，可以为天地母。吾不知其名，字之曰道，强为之名曰大。大曰逝，逝曰远，远曰反。故道大，天大，地大，人亦大。域中有四大，而人居其一焉。人法地，地法天，天法道，道法自然。

释义

有一个浑然天成的东西，在天地形成以前就已经存在了。听不到它的声音也看不见它的形体，寂静而空虚，不依靠任何外力而独立长存，永不停息，循环运行而永不衰竭，可以作为万物的根本。我不知道它的名字，所以勉强把它叫作"道"，再勉强给它起个名字叫作"大"。它广大无边而运行不息，运行不息而伸展遥远，伸展遥远而又返回本原。所以说道大、天大、地大、人也大。宇宙间有四大，而人居其中之一。人取法于地，地取法于天，天取法于道，而道纯任自然。

导读

在这一章里，老子再一次阐述了道的性质和规律，道是物质性的，是最先存在的实体，但这个实体看不见摸不着，既寂静又空虚，不以人的意志为转移，无所不在地运行而又永不止息。"道"虽是生长万物的，却是无目的、无意识的，它"生而不有，为而不恃，长而不宰"，即不把万物据为己有，不夸耀自己的功劳，不主宰和支配万物，而是听任万物自然而然发展着。

老子将存在于茫茫宇宙间拥有巨大能量的四种事物作了排序，依次为：道大、天大、地大、人大。在这里老子把人和道、天、地并列起来，是因为人能体认大道的存在，能够感知道天地的力量，能够将自己融合到道、天、地中。

我们能真实地感知"道"的存在，它就在我们的身边，并影响着我们的行动，制约着我们的行动。一旦我们的行动违背了大道，它就会毫不客气地惩罚我们。

人类若以为自己有独立的思想、头脑聪明，就以万物的主宰自居，大肆屠杀牲畜，恣意毁坏森林和植被，那就是忘却了在我们的头上还有大道和天地，它随时都会来惩罚我们的贪婪、无知和狂妄。

无所为而又无所不为。"人法地，地法天，天法道，道法自然。"这里的"自然"是自然而然的自然，即"无状之状"的自然。道法自然的意思就是道是自然生成的，它向自然学习、效法，并顺应自然。大道以其自身为原则，自由不受约束。所以我们决不可自以为是，要和天地合二为一，要学习大道包容万物的胸襟，和大自然和谐相处。只有这样我们才不会烦恼和痛苦，才会过得逍遥自在，无所为而又无所不为。

五　激励你一生的座右铭："子绝四"——毋意，毋必，毋固，毋我

"毋意，毋必，毋固，毋我"出自《论语·子罕》，是说孔子杜绝了四种弊病：不凭空猜测臆断、不绝对肯定、不固执拘泥、不自以为是，即不臆测、不武断、不固执、不主观。孔子一生以"毋意、毋必、毋固、毋我"要求自己。

"毋意"，指做事不能凭空猜测、主观臆断，一切都要以事实为依据；"毋必"，指判断事物不能绝对肯定，正所谓事无绝对，辩证看问题才是正确的；"毋固"，就是不能拘泥固执，一味地固执，会使自己偏离正确的轨道，所谓兼听则明，怎样让自己保持一个清醒的头脑至关重要；"毋我"，就是不要自以为是，不要总是认为自己的观点和做法都正确，不接受他人意见。

"绝四"是孔子的一大特点，这涉及人的道德观念和价值观念。凡事讲事实，不凭空猜测；遇事不专断，不任性，可行则行；行事要灵活，不死板；

凡事不以"我"为中心，不自以为是，与周围的人群策群力，共同完成任务。我们必须要实事求是地对待一切人和事，冷静辩证地看问题，不把事物绝对化，用发展的眼光接受新鲜的事物，与时俱进，用谦虚的态度征求他人的意见，听取各方面的观点。

每个人都有各自的欲望与需求，不可能人人都能如愿，这就难免会出现矛盾。我们要正视客观现实，在必要时做出点让步，不能只顾自己的权利与需求而忽视他人的存在。也许，我们永远都无法成为老子、孔子那样的圣人，但只要秉持着圣人的情怀，怀圣人心，做平常事，这样便也和圣人相差不远了。"子绝四"，虽仅用了八个字，却奥妙无穷，世人学而时习之，将提升自身素质。

第三节　信之三：自我审视　再现真心

一　《菜根谭》经典名句

原文

矜高倨傲，无非客气；降服得客气下，而后正气伸。情欲意识，尽属妄心；消杀得妄心尽，而后真心现。

释义

一个人之所以有心气高傲的现象，无非是利用一些虚假的言行来装腔作势。如果能够降服这种浮夸的不良习气，心中的浩然之气就可以伸张出来。心中的七情六欲，都是意念活动的妄想；如果能够消除这些胡思乱想的念头，真正的本心就会出现。

解析

　　一个虚怀若谷、自知自改的人，是会让对手退却的人。真正有能力的人，不是那些心存妄想、自吹自擂的人。一个人若想成功，内心要对自己进行自我审判，在心中进行情感与理性、天理与欲望的权衡，找出自己的缺点，时时进行自我反省，避免自己因为一点点成绩就忘乎所以，迷失自己的本心。人都要以正气为主心骨，因为正气乃天地之气，也就是孟子所说的浩然之气。我们的身体如同小宇宙和小天地，在我们身体中支配我们的主人就是正气，这种正气光明正大，绝不为利害所迷失。

二　《弟子规》信之三

（一）**原文**

彼说长　此说短　不关己　莫闲管

释义

　　东家说长，西家说短，别人的事情很难说清楚；与自己的事没有关系的，不要多管。

典　故
- -

三年不窥园

　　西汉时期，董仲舒为了潜心学习，整天钻在书房里，什么事情也不过问，吃的、穿的也不讲究。据说他家旁边有一个菜园，但是他由于学习过于认真，有三年的时间竟没有踏进过那个菜园一步。所以后人说他"不窥园中菜"。董仲舒后来成为我国古代著名的思想家，这和他专心学习、不为杂事所累的精神是分不开的。他对孔子所创立的儒家思想体系的延续和发展做出了杰出贡献。所以，我们重要的是要做好自己的事情，不要整天东家长西家短地拨弄是非，这样于人于己都没有好处。

（二） 原文

见人善　即思齐　纵去远　以渐跻

释义

看见别人有好的品质，就要向他看齐；哪怕同他相差很远，只要坚持下去，慢慢地总会赶上他的。

典　故

兄弟学贤

东晋时期有两兄弟，一个叫孙潜，一个叫孙放，两人都是机敏聪慧、勤奋好学的人。他们时刻想着学习别人的善行，这可以从他们的名字中看出来。哥哥孙潜，字齐由。为什么叫齐由呢？原来在古代有一个叫许由的贤士，尧帝要把自己的帝位让给他，他感到才疏德薄，推辞掉了。孙潜觉得应向这种谦让、谦虚的精神看齐。弟弟孙放，字齐庄。我们知道，庄子是古代的思想家，孙放觉得自己应该向庄子看齐。孙潜、孙放兄弟的这种精神，是值得我们学习的。

（三） 原文

见人恶　即内省　有则改　无加警

释义

看见别人有坏的行为，就要自我反省；如果自己有错，就应立马改正，没有的话，也要引起警惕。

典　故

曾子自省

曾子是孔子的学生，叫曾参，是一个非常注重道德修养的人。他每天晚上休息之前，总是对自己一天的所作所为进行反思。"吾日三省吾身——为人谋而不忠乎？与朋友交而不信乎？传不习乎？"即我每天多次反省自己——替人家谋虑是否不够尽心？和朋友交往是否不够诚信？传授的学业是否不曾复习？

吾日三省吾身。曾子的这种勤于反思，时时注意加强自身修养的精神是令人钦佩的。今天，我们也要继续发扬这种自我反省的精神，不仅对自己的事情要如此，就是见到别人做事时，也要留心学习观察，处处总结经验教训。讲诚信，是为人处世的基本品德。孔子认为守信是做人的关键。曾子深得老师的教诲，每天反躬自省的主要内容，也是对待朋友是否做到了尽心尽力、诚实守信。

子曰："人而无信，不知其可也。大车无輗，小车无軏，其何以行之哉？"孔子在《论语·为政》中说："作为一个人，却不讲信誉，是不可以的。譬如大车子没有安横木的輗，小车子没有安横木的軏，如何能走呢？"

诚信是一种高尚的人格力量。在价值取向日益多元化的社会中，恪守诚信仍然是我们每个人都应坚守的道德底线。没有信誉、不讲诚信的人，不仅交不到真心的朋友，而且无论做什么事情都不会长久。只有诚信与踏实做事，才会让我们的人生走得更踏实、更坦荡。

三 激励你一生的座右铭："君子不器"

"君子不器"出自《论语·为政》。孔子说，一个道德高尚的人无论是做学问还是从政，都应该博学且才能广泛，如此才不会像器物一样，只能为有限的目的而使用。"器"即器皿，"不器"就是不能成为某一方面的专业人才。即君子要超越专业技能范畴，博才多学。孔子心目中的君子就是要求其在人格、修养上达到比常人更高的境界，也可理解为君子不应该像器具那样被动地被别人使用，君子应该有自己独立的思想和主动性。

"君子不器"，就定量而言，君子之气度与态度方面，则应不像器物一般有容量限制，需要以宽广的胸襟来看待万事万物，应似江海——海纳百川。

亦指君子的气量和用途要大得多，包容万物，能够容人。就定性而言，是指君子待人处世的原则方面，不拘一格，不应像器物一般定型而一成不变，而应适时、适地、适人、适事地采取合宜之行动，收取最大、最好之成效。亦指君子在个人品性修养时，不可像器物一样只针对某些特别的目的，必须广泛地涉猎各种知识，培养各种才能，多才多艺。

第四节　信之四：不可浓艳　不可枯寂

一 《菜根谭》经典名句

原文

念头浓者，自待厚，待人亦厚，处处皆浓；念头淡者，自待薄，待人亦薄，事事皆淡。故君子居常嗜好，不可太浓艳，亦不宜太枯寂。

释义

一个对任何事情念头很多的人，往往能够善待自己，同时也能善待别人，他要求处处都丰富、气派、讲究；一个对任何事情念头很淡的人，不仅对自己要求低，同时对别人要求也不严格，于是事事显得松散，毫无生气。所以，作为一个真正有修养的人，日常生活的喜好既不可过度奢侈华丽，也不可过度枯燥孤寂。

不可浓艳，不可枯寂。一个人总是按对待自己的思维方式和行为习惯对待别人，自己要得多，就会自然地认为别人也要得多。自己要得少，便会认为别人匮乏就是理所当然。"太浓艳"的人，会让生活变得繁杂狭隘，"太枯寂"的人则会让生活寡淡无味、毫无价值。真正有修养的人，明白这样一个道理：生活的喜好，既不过度奢侈，也不过度枯燥。以自己为中心的思维和处事方式，如不加限度，就会走向极端。静下心想一想，放下自我，将别有洞天。凡事应求恰到好处，过之不及都将失之偏颇。

二 《弟子规》信之四

（一）原文

唯德学　唯才艺　不如人　当自砺

释义

做人最要紧的是道德、学问、才干、本领，这些方面比不上人家，就要不断勉励自己，迎头赶上。

典故

三人行必有我师

孔子是一个善于学习的人，他勤思好学，不耻下问。有一次，孔子和学生们正在赶路，一个小孩子在路中央挡住了他们的去路。原来，这个孩子正在路上用砖瓦石块垒一座城池呢。孔子叫那个小孩儿让路，而小孩儿却说："这世上只有车绕城而过的，还没有把城池拆了给车让路的。"孔子想："确实不能把这孩子摆的城池当成玩具。我倡导礼仪，没想到让孩子给问住了。"孔子十分感慨地对他的学生说："三人行必有我师！这孩子虽小，却懂礼仪，可以做我的老师了。"

子曰："三人行，必有我师焉，择其善者而从之，其不善者而改之。"三个人同行，其中必定有我的老师。我选择他善的方面向他学习，看到他不善的方面就对照自己，改正自己的缺点。随时注意学习他人的长处，随时以他人的缺点引以为戒，自然就会看到他人的长处，与人为善，待人宽而责己严。这不仅是提高自己的最佳途径，也是促进人际关系和谐的重要条件。

（二）原文

若衣服　若饮食　不如人　勿生戚

释义

若是穿着饮食不如他人，不要攀比生气，更没有必要忧虑自卑。

典故一

阮咸晒衣

　　阮咸是晋朝著名的文学家，年轻的时候家里并不富裕，吃的、穿的很平常，可是他在有钱人面前泰然自若，一点儿也不自卑。当时有个风俗，就是每年七月初七，各家都要把自家的箱子打开，把箱子中的衣服拿到太阳下面晾晒，据说这样衣服不会被虫子咬。这一天，许多人家都在晒衣服，阮咸把自己的衣服也晾出来，许多人见阮咸晾晒自己的旧衣服，都来观看。但阮咸一点也不在意，他认为富贵不是可以夸耀的资本，贫寒也不是耻辱，做人的关键在他的德行和学识。

典故二

范仲淹划粥断齑

　　范仲淹，北宋著名的政治家、思想家、军事家和文学家，世称"范文正公"，著名的《岳阳楼记》就出自他的笔下。可是他幼年却很不幸，出身贫寒，无力上学，只好跑到寺院中的一间僧房去读书。在寺院读书期间，他将自己关在屋内，足不出户，手不释卷，通宵达旦读书。由于家贫，他生活得十分艰苦。每天晚上，他用糙米煮好一盆稀饭，等第二天早晨凝成冻后，用刀划成四块，早上吃两块，晚上再吃两块，没有菜，就切一些腌菜下饭。生活如此艰苦，但他毫无怨言，专心于自己的读书学习。

　　范仲淹有一个同学是当时南京最高长官的儿子，他看到范仲淹常年吃粥，生活如此艰苦仍好学不辍，就回家告诉了父亲。同学的父亲听说后，被范仲淹刻苦学习的精神所感动，也深深同情范仲淹的贫穷处境，于是吩咐家人做了一些鱼肉等好吃的东西，叫儿子带给了范仲淹。那个同学将做好的鱼肉送给范仲淹，说："这是我父亲叫我送给你的，赶快趁热吃吧！"范仲淹回答说："不！我怎么能够接受你的东西呢？还是带回去吧！"那个同学以为范仲淹不好意思接受而推辞，连忙放下东西回家去了。过了几天，那个同学又来到范仲淹的住所，发现上次给他送的好吃的东西丝毫未动，已经变坏发霉了，就责备范仲淹说："看，叫你吃你不吃，东西都变坏了，你为什么不吃呢？"范仲淹回答说："并不是我不想吃，只是我已经过惯了艰苦的生活，如果吃了这些美味佳肴，以后再过这种艰苦的生活就不习惯了，所以我就没有吃。感谢你父亲的一番好意。"同学回家，将范仲淹的话如实告诉了他父亲。他父亲夸奖道："真是一个有志气的孩子，日后必定大有作为呀！"

范仲淹也确实出人头地，担当起国家兴亡的重任。正是凭着"画粥断齑"这股苦读的劲头，他最后终于成了我国历史上著名的文学家、政治家。

（三）原文

闻过怒　闻誉乐　损友来　益友却

释义

如果听到别人的批评就生气，听到别人的称赞就欢喜，那么，坏朋友就会来接近你，良朋益友就会离你而去。

典　故

魏征直谏

魏征是唐初的一位名臣，以敢言直谏著称。有一次，唐太宗李世民怒气冲冲地对皇后长孙氏说："总有一天，我会杀掉这个庄稼佬！"长孙皇后问他在生谁的气，李世民气愤地说："还不是那个魏征！他天天在朝廷上当面指责我的不是，还当面顶撞我，气死我了。"长孙皇后听后，马上向李世民道贺：

"这是陛下的福气，臣下忠直，是因为遇到了明君。"李世民听了，怒气逐渐消了。正是由于贤明的皇后和魏征这样正直的大臣，才有了唐朝时期的盛世"贞观之治"。

三　激励你一生的座右铭："益者三友，损者三友"

子曰："益者三友，损者三友。友直、友谅、友多闻，益矣；友便辟、友善柔、友便佞，损矣。"该句出自《论语·季氏》。孔子说："有益的朋友有三种，有害的朋友有三种。与正直的人交朋友、与诚实的人交朋友、与广见博识的人交朋友，有益处；与逢迎谄媚的人交友、与言过其实两面派的人交友、与花言巧语的人交友，有害处。

"直"，指的是正直。"谅"在《说文解字》中释义为"谅，信也。""信"，就是诚实。"友多闻"即这种朋友见闻广博，知识面宽。就像拥有了一本厚厚的百科辞典，人们总能从他人的经验里面得到对自己有益的借鉴。"友便辟"中的"辟"指专门喜欢逢迎谄媚、溜须拍马的人，和"友直"正好相反，特别会察言观色、见风使舵，让你高兴，以便从中得利。"友善柔"指表面柔顺而内心奸诈的人，这种人是典型的"两面派"，他们当着你的面永远是和颜悦色，满面春风，恭维你、奉承你，就是"巧言令色"，但在背后会传播谣言，恶意诽谤你，与"谅"所指的诚信坦荡正好相反。"友便佞"就是指言过其实、夸夸其谈，只会耍嘴皮子，生就一副伶牙俐齿，没有他不知道的事，没有他不懂的道理，滔滔不绝，气势逼人，与"多闻"有鲜明的区别，就是没有真才实学。便佞之人就是巧舌如簧却腹内空空的人。

"益者三友，损者三友"是孔子教育弟子交朋友的法则。孔子的择友标准是正直、诚信、见闻广博。孔子的交友之道至今都有非常重要的参考价值。

第五节 信之五：为人处世 方圆并用

一 《菜根谭》经典名句

原文

好动者，云电风灯；嗜寂者，死灰槁木；须定云止水中，有鸢飞鱼跃气象，才是有道的心体。

释义

一个好动的人就像乌云下的闪电一样飘忽不定，像风前的残灯孤烛一样忽明忽暗；一个喜欢清静的人，宛如死灰枯树。过分的变幻和过分的清静，是两个极端，不合乎理想的人生观，只有在缓缓浮动的彩云下和平静的水面上，出现鸥鹰飞舞和鱼儿跳跃的景观，才算是达到了理想境界，人也才具备了崇高的道德心胸。

解析

我们延伸解析一下，就是说人生道路上，要把动和静辩证地结合在一起，动静结合、刚柔并济才是修身处世的方圆之道，也是符合道义的理想境界。做人不可太固执，要审时度势才能游刃有余。

二 《弟子规》信之五

（一）原文

闻誉恐 闻过欣 直谅士 渐相亲

释义

如果听到好话就心里不安，听到别人指出缺点就高兴，那么，正直的朋友就会越来越亲近你。

拒绝奉承

宋璟是唐朝武则天时期的大臣，以刚正不阿著称。有一天，一个人转交给宋璟一篇文章，并对他说："写文章的人很有才学。"宋璟是一个爱才之人，马上就读起这篇文章来，开始时他一边读一边赞叹："不错，真是不错！应该重用。"可是读着读着，宋璟的眉头皱了起来，原来这个人为巴结宋璟，在文章中对他大加吹捧，这让宋璟很生气。后来，宋璟对写文章的人说："这个人文章不错，但品行不端，想靠巴结来升官，重用他对国家没有好处。"因此就没有推荐这个人做官。

（二）原文

无心非　名为错　有心非　名为恶

释义

不经意间做了不好的事就叫"错"，还可以原谅；存心做不好的事就叫"恶"，一定要受到惩罚。

曹操割发

三国时，有一次曹操率领军队去打仗。出发前，他警告将士，不要毁坏麦田，如果有人违反规定，定然杀头不赦。队伍正在田间的路上行走，忽然一群小鸟从麦田中飞起来，曹操的战马受惊，冲向麦田，踏坏了一大片麦子。曹操说道："我违反了军令，应按军法治罪。"说着，他拔出了宝剑，说："我是主帅，不能自杀，就把头发割下来代替砍头吧！"说完，用剑割下了自己的头发。曹操严于律己，有错必纠的品格，表现了他作为政治家的胸怀。

（三）原文

过能改　归于无　倘掩饰　增一辜

释义

有过错能马上改正，别人就会当没有这回事，还是把你当好人看；如果有错不肯承认，还要为自己遮盖掩饰，就等于再添了一个过错。

典故一

改过自新

周处是西晋时期人，他年轻的时候，凭借一身武艺称霸一方，被人们称为本地的三害之一，即当地河里的蛟龙、南山的猛虎，再加上周处。周处为了表现自己的侠义，上山打死了猛虎，又到河中与蛟龙进行了殊死搏斗。最后蛟龙被杀死，周处也负了伤，人们以为周处也死了，所以拍手称快，认为三害都被除掉了。周处见乡亲们都盼着他死，才知道自己以前确实做得太过分，决定改过自新。后来，周处跟随名士陆机、陆云学习，逐渐改掉恶习，做了将军，成为国家的有用之才。

典故二

一诺千金

秦末有个叫季布的人，一向说话算数，信誉非常高，许多人都同他建立起了深厚的友情。当时甚至流传着这样的谚语："得黄金百斤，不如得季布一诺。"这就是成语"一诺千金"的由来。后来，季布得罪了汉高祖刘邦，被悬赏捉拿。结果他旧日的朋友不仅不被重金所惑，还冒着灭九族的危险来保护他，使他免遭祸殃。一个人诚实有信，自然得道多助，能获得大家的尊重和友谊。反过来，如果贪图一时的安逸或小便宜而失信于朋友，表面上是得到了"实惠"，但为了这点实惠毁了自己的声誉是得不偿失的。声誉相比于物质，是重要得多的。所以，失信于朋友，无异于是丢了西瓜捡芝麻。

"一诺千金"的出处有二：

1. 西汉·司马迁《史记·季布栾布列传》："得黄金百，不如得季布诺。"

2. 唐代·李白《叙旧赠江阳宰陆调》："一诺许他人，千金双错刀。"

三　延伸学习：《道德经》第二十七章　常善救人

原文

善行，无辙迹；善言，无瑕谪；善数，不用筹策；善闭，无关楗而不可开；善结，无绳约而不可解。是以圣人常善救人，故无弃人；常善救物，故无弃物。是谓袭明。故善人者，不善人之师；不善人者，善人之资。不贵其师，不爱其资，虽智大迷，是谓要妙。

释义

善于行走的，不会留下辙迹；善于言谈的，不会发生病疵；善于计数的，用不着竹码子；善于关闭的，不用栓梢而使人不能打开；善于捆缚的，不用绳索而使人不能解开。因此，圣人经常挽救人，所以没有被遗弃的人；经常善于物尽其用，所以没有被废弃的物品。这就叫作内藏着的聪明智慧。所以善人可以作为恶人们的老师，不善人可以作为善人的借鉴。不尊重自己的老师，不爱惜他的借鉴作用，虽然自以为聪明，其实是大大的糊涂。这就是精深微妙的道理。

导读

真正的善就是顺道而行。因此对有道之人来说，天下没有可弃之物，也没有无用之人。老子提出了"五善"，即善行、善言、善数、善闭、善结。这五善都是合乎大道的，说明人只要善于行不言之教，善于处无为之政，符合于自然，不必花费太大的气力，就有可能取得很好的效果，并且无可挑剔。人们只有达到上面所说的五善的境界，才能像庖丁解牛那样行动自如。此篇处处闪耀着老子的智慧火花，无不展现了他深藏不露的机智和机巧之心。

　　"善人"是指能够认识大道并能遵循大道行事的人。善者为师，恶者为资，一律加以善待，特别是对于不善的人，并不因其不善而鄙弃他，一方要劝勉他，另一方面也让他成为善人借鉴的作用。这就考虑到事物所包含的对立的两个方面，不要只从一个方面看。浮皮潦草、粗枝大叶，或只知其一，不知其二，便沾沾自喜。自以为无所不通、无所不精，恃才傲气，都是不可取的。

　　老子在第二十七章又发挥了不自见、不自是、不自伐、不自矜的道理，不从正面"贵其师"，不从反面"爱其资"，做到"虽智大迷"。因而，其主导思想是把自然无为扩展应用到更为广泛的生活领域之中。

《弟子规》之泛爱众

　　"泛爱众"为《弟子规》主修的第五门课，全文15则180字，学习"仁爱"思想及生活中如何去做，阐述所有的人都应该相亲相爱，因为我们都生活在同一片蓝天下，生活在同一片大地上。"泛爱"就是博爱，就是与朋友在一起相处要平等、相爱。爱人者，人恒爱之。我们在日常生活中，要有博爱仁慈的思想，知恩图报，品行端正，懂得赞美，己所不欲勿施于人。

　　孔子开创了儒家思想，语出《淮南子·修务训》："尧立孝慈仁爱，使民如子弟。"其中很重要的主张就是提倡"仁爱"。仁爱，谓宽仁慈爱；爱护、同情的感情。"仁爱"不仅是儒家思想的核心，也是中华传统文化的精神基础。孔子的仁爱思想影响了很多人，中国历史上著名的明君唐太宗李世民就坚持以仁爱治国。"仁爱"首先就是在家孝敬父母兄长，然后将宽容慈爱由家庭推广到社会，再到忠君爱国。

泛爱众　15则180字

凡是人	皆须爱	天同覆	地同载
行高者	名自高	人所重	非貌高
才大者	望自大	人所服	非言大
己有能	勿自私	人所能	勿轻訾

微课

勿谄富　勿骄贫　勿厌故　勿喜新
人不闲　勿事搅　人不安　勿话扰
人有短　切莫揭　人有私　切莫说
道人善　即是善　人知之　愈思勉
扬人恶　即是恶　疾之甚　祸且作
善相劝　德皆建　过不规　道两亏
凡取与　贵分晓　与宜多　取宜少
将加人　先问己　己不欲　即速已
恩欲报　怨欲忘　报怨短　报恩长
待婢仆　身贵端　虽贵端　慈而宽
势服人　心不然　理服人　方无言

第一节 泛爱众之一：磨砺之金 千钧之弩

一 《菜根谭》经典名句

原文

磨砺当如百炼之金，急就者非邃养；施为宜似千钧之弩，轻发者无宏功。

释义

磨炼身心要像炼钢一般反复陶冶，急着希望成功的人就不会有高深修养；做事像拉开千钧的大弓一般，假如随便发射就不会收到好的功效。

解析

子夏做了鲁国营父县长，向孔子请教行政之道。孔子说："不要求速成，不要只顾小利。求速成，反而达不到目的，顾小利，就办不成大事。"讲的是无论做什么事情，包括修身养性，都要有耐心，自始而终，不要急于求成。此条戒轻躁。上句就素常修养言，下句就临事措置言。唯若百炼之邃养，决无千钧之弘功。是以素常修养，又为临事措置之本。《菜根谭》全书重心亦在于此。

二 《弟子规》泛爱众之一

（一）**原文**

凡是人　皆须爱　天同覆　地同载

释义

人与人之间，要和睦相处，互相爱护，因为大家都生活在同一片蓝天下，同一块土地上。

打两头蛇

孙叔敖是春秋时期楚国的政治家，他小的时候，一天正在村外玩耍，突然有一条两头蛇出现在他的面前。孙叔敖大吃一惊，因为他听说两头蛇是不祥之物，谁见了它就会死去。孙叔敖刚想躲开，转念一想，觉得不对，不能留下它，即使自己死了也要砸死它，否则别人见了也会倒霉的，于是他就把两头蛇砸死深埋了。孙叔敖回到家里后，哭着把自己的遭遇告诉了母亲。母亲听了孙叔敖的话，笑了："孩子，你死不了，因为在危险时还想着别人的人是不会死掉的。"

（二）原文

行高者　名自高　人所重　非貌高

释义

品行高尚的人，名望自然就高；人们敬重的不是外貌高大、仪表堂堂的人。

晏婴使楚

晏婴是春秋后期一位重要的政治家、思想家、外交家，以有政治远见和外交才能，以及作风朴素闻名诸侯。晏子出使楚国，楚国人以晏婴身材不高、其貌不扬来侮辱他，晏子以"针尖对麦芒"的方式，维持了国格，也维护了个人尊严。

晏婴是春秋时期齐国的相国，个子矮，长相也很普通。一次，齐王派他出使楚国，楚王听说晏婴来了，想羞辱他，于是就在城墙下开了一个又低又小的门。晏婴知道这是楚国人在故意羞辱他，就说："这是狗洞，不是国门，如果我访问的是狗国，我就从这个门进去。"楚国人一听，只好打开城门让晏婴进去了。晏婴见到楚王，楚王故意问他："齐国没有人了吗？怎么派你来了。"晏婴回答说："我国派人出访有一个规矩，上等国家派上等的人物，我最不中用，所以就派我到楚国来了。"楚王听后，觉得晏婴很了不起，对他肃然起敬，并马上向他致歉。

还有一次，晏子将要出使楚国。楚王听到这个消息，对左右的人（近侍）说："晏婴是齐国最熟悉言辞的人，现在将要来了，我想羞辱他，用什么办法呢？"左右的人回答说："在他来的时候，请允许我们绑一个人从大王您面前走过。您问，'这是做什么的人？'（我们）回答说，'是齐国人。'您说，'他犯了什么罪？'我们说，'犯了偷窃罪。'"晏子到了，楚王赏赐给晏子酒，酒喝得正高兴的时候，两个官吏绑着一个人走到楚王面前。楚王问："绑着的人是做什么的人？"（近侍）回答说："（他）是齐国人，犯了偷窃罪。"楚王瞟着晏子说："齐国人本来就善于偷窃吗？"晏子离开座位回答说："我听说这样的事：橘子生长在淮河以南就是橘子，生长在淮河以北就变成枳了，只是叶子的形状相像，果实的味道却不同。这样的原因是什么呢？是水土不同。现在老百姓生活在齐国不偷窃，到了楚国就偷窃，莫非楚国的水土使得老百姓善于偷窃吗？"楚王笑着说："圣人不是能同他开玩笑的人，我反而自讨没趣了。"

外交无小事，尤其在牵涉国格的时候，更是丝毫不可侵犯。晏子以"以子之矛攻子之盾"的方式，维持了国格，也维护了个人尊严，是聪明机智、能言善辩、勇敢大胆、不畏强权的人。

故事赞扬了晏子身上表现出来的凛然正气、爱国情怀和他高超的语言技巧。晏子能赢得这场外交胜利的原因就是他不卑不亢、有礼有节，用语委婉，头脑清晰。

三 延伸学习：《道德经》第二十八章　复归于朴

原文

知其雄，守其雌，为天下溪。为天下溪，常德不离，复归于婴儿。知其白，守其黑，为天下栻（式）。为天下栻（式），常德不忒，复归于无极。知其荣，守其辱，为天下谷。为天下谷，常德乃足，复归于朴。朴散则为器，圣人用之，则为官长，故大制不割。

释义

深知什么是雄强，却安守雌柔的地位，甘愿做天下的溪涧。甘愿作天下的溪涧，永恒的德性就不会离失，恢复到婴儿般单纯的状态。深知什么是明亮，却安于暗昧的地位，甘愿做天下的模式。甘愿做天下的模式，永恒的德行就不出差错，恢复到不可穷极的真理。深知什么是荣耀，却安守卑辱的地位，甘愿做天下的川谷。甘愿做天下的川谷，永恒的德性才得以充足，恢复到自然本初的素朴纯真状态。朴素本初的东西经制作而成器物，有道的人（圣人）沿用真朴，则为百官之长，所以完善的政治是不可分割的。

导读

善处下者方为上，肯做士者方为将，要有一种持守、含纳和容忍精神。

老子提出知雄、守雌，用这个原则去从事政治活动，参与社会生活。在雄雌的对立中，对于雄的一面有透彻的了解，然后处于雌的一方。"朴""婴儿""雌"等可以说是老子哲学思想中的重要概念。"朴"字，一般可以解释为朴素、纯真、自然、本初、纯正等，是老子对他关于社会理想及个人素质的最一般的表述。"婴儿"，其实也是"朴"这个概念的形象解说，只有婴儿才不被世俗的功利宠辱所困扰，好像未知啼笑一般，无私无欲，淳朴无邪。让人们返回到自然朴素状态，即"反璞归真"。用柔弱、退守的原则来保身处世，并要求"圣人"也应以此作为治国安民的原则。守雌守辱、为谷为溪的思想，自然不能理解为退缩或者逃避，而是含有主宰性在里面，不仅守雌，而且知雄，告诫人们要居于最恰切、最妥当的地位。"守雌"含有持静、处后、守柔的意思，同时也含有内收、凝敛、含藏的意义。

第二节　泛爱众之二：春风解冻　和气消冰

一　《菜根谭》经典名句

原文

家人有过，不宜暴怒，不宜轻弃。此事难言，借他事隐讽之；今日不悟，俟来日再警之。如春风解冻，如和气消冰，才是家庭的型范。

释义

在日常生活当中，家人难免也会犯下过失，这时不宜暴怒责骂，也不宜轻易放弃。如果这件事不好明说，就借用其他的事情来婉言相劝；如果当天不能醒悟，就等以后有适当的机会再来劝诫。好比春风化解残冬，和风消融冰雪，这样才是处理家庭事务应该有的风范。

解析

家庭关系的好坏，常常影响着一个人的情感活动。当家庭的成员互起矛盾时，双方都会受到伤害，而家庭和睦时，家庭成员都相处愉快，如此便能促进身体的健康。调和家庭的矛盾，要讲究一定的方法，以免将矛盾冲突激化。若是在处理家庭矛盾时只凭自己的主观意志，那样只会将家庭关系搞得更糟，致使自己更为神伤。

学习"春风解冻，和气消冰"，让我们想起了"《弟子规》之入则孝"这一章中的一句话："亲有过，谏使更，怡吾色，柔吾声。"这是告诫我们针对父母亲有过时采用的方法。家庭就像一个微型的社会，一个和睦的家庭，应该以幸福、欢笑为主线，以悲伤、抚慰为点缀，成员之间要尽力化解误会，互相理解，并用如春风般的和气化解争吵和误解。

二 《弟子规》泛爱众之二

（一）原文

才大者　望自大　人所服　非言大

释义

才学博大精深的人，声望自然就高；人们佩服的不是那些自我吹捧、夸夸其谈的人。

典故

铁如意

王昭远是五代时期后蜀的统帅，平时他以诸葛亮自比，总吹嘘说："只要我手握铁如意，坐着太平车就可指挥大军，一统天下。"公元961年，北宋派大军攻打后蜀。后蜀派王昭远率军抵抗，平时趾高气扬的王昭远由于指挥失当，使后蜀的军队一溃千里，王昭远自己也做了宋军的俘虏。结果，王昭远自比诸葛亮，要一统天下的大话，成了历史上的笑柄。

（二）原文

己有能　勿自私　人所能　勿轻訾

释义

自己有能力，就不要自私自利，要帮助别人；他人有能力，就不要嫉妒、轻看人家，甚至说坏话，应当欣赏学习。

典 故

田文不怒

战国时期，魏国要选一位大臣担任相国的职位。吴起威信高、功劳大，人们都以为会选他，吴起自己也有这种想法。可是朝廷最终却任命文臣田文担任了相国。吴起不服气，去问田文："田大人，领兵打仗，使敌人闻风丧胆，这些您行吗？"田文说："不行。"吴起又问："管理国家，使魏国富强，您比我如何？"田文答道："不如。"吴起说："那您怎么担任了相国呢？"田文说："现在国君年轻，大臣们信心不足，这时是你当相国呢，还是我这个老臣当相国呢？"吴起仔细一想，确实只有田文这样的老臣才能稳住局势，所以就不再说什么了。

三 延伸学习：《七天成长计划，成就更好的你》

《人民日报》曾刊登文章《七天成长计划，成就更好的你》。不要让"准备"成为拖延的借口，行动就从此刻开始；不要质疑自己的能力，相信你远比想象得更强大；不要再把时间都留给游戏、网络，让书本和运动充实生活。从今天开始，跟那个消极、懈怠、不安的自己挥手作别，给每天设定一个小小的目标，为梦想，去努力，去冲刺！

星期一，积极想法日。在一周的起点，下定决心告诉自己，摒弃那些消极思想，用积极的想法填满自己的大脑，为自己、为别人设想一切好的可能。有时，态度决定结果。

星期二，行动日。别再动摇、迟疑，去写那些让你头疼的文案，去面对那些你觉得难做的事情，再难的事一旦开始了，总会解决的。在你和梦想人生之间只有一步之遥，行动是一切的关键。

星期三，运动日。如果工作和学习让你感到压力，没有什么比一场酣畅淋漓的运动更能够解放自己了。每周三抽出两个小时来运动健身，更斗志满满地迎接后半周的挑战吧。

星期四，阅读日。阅读的最大理由是想摆脱平庸，早一天就多一份人生的精彩，迟一天就多一天平庸的困扰。学习知识，陶冶心境，不管什么时候，书总是最好的涵养与伴侣。

星期五，社交日。聆听自己最爱的歌曲，犒劳自己一顿向往的晚餐，也探访亲友，陪伴家人。周五的晚上，放下压力，扔开占据你太多时间的手机，在真实的交流中体会快乐吧。

星期六，放松日。做那些令你愉快的事，做那些让你大笑的事，做那些让你欣喜若狂的事，跳舞、唱歌、健身、侃大山，感觉越轻松，被释放的消极情绪就越多。做一次身心的"排毒"吧！

星期日，休整日。每个周日花些时间回顾这周的工作、学习和那些收获与遗憾，记住所有美好的事物，为下周热身做准备，然后早早地睡觉。临睡前告诉自己：这一周，不曾空虚，不曾荒废，够了。

人生最美的七件事：拥有自己的梦想、拥有独立的自我、拥有健康的体魄、拥有值得深爱的人、拥有几个知心朋友、拥有感恩的心、拥有一种爱好。

放下七种负面情绪：压力——累与不累，取决于心态；自卑——尽力，便是最好的自己；懒惰——奋斗改变命运；消极——绝望向左，希望向右；抱怨——与其抱怨，不如努力；犹豫——立即行动，成功无限；狭隘——心宽天地宽。

作为大学生，我们要学会关注自己的内心。究竟我是怎样的一种人？我需要什么？我的人生会不会因为我自己观念的改变而发生一些改变？我的这些改变值得我去为之付出我的青春年华吗？我的方向到底在何处？

第三节　泛爱众之三：顺境勿喜　逆境勿忧

一　《菜根谭》经典名句

原文

居逆境中，周身皆针砭药石，砥节砺行而不觉；处顺境内，眼前尽兵刃戈矛，销膏靡骨而不知。

译文

人处在逆境中，自己的周围就好像都是一些针砭药石，在不知不觉中磨炼我们的意志和品德；人处在顺境中，就像眼前都是刀剑戈矛，在不知不觉中伤害了我们的筋骨和心脏，让我们走向堕落。

解析

人生的路有起有落，看待人生的起落顺逆应该用辩证的观点。居逆境固然是痛苦压抑的，但对一个有作为、能自省的人来讲，在各种磨砺中可以锻炼自己的意志，修正自己的不足，一旦有了机会，就可能由逆向顺；居顺当然是好事，但对于一个没有良好品质和远大追求的人来讲，在优越富裕的环境中往往容易堕落腐败。一个人生活优裕，就容易游手好闲、不肯奋斗。"穷则变，变则通"。贫与富不是绝对不变的，顺与逆也是可以相互转化的。

二　《弟子规》泛爱众之三

（一）**原文**

勿谄富　勿骄贫　勿厌故　勿喜新

释义

不要讨好富人，也不要轻看穷人，不要讨厌身份普通的老朋友，也不要去巴结有地位的新相识。

典故一

不忘老朋友

东汉的光武帝刘秀是一个重友情的人。他当了皇帝以后，并不因为自己地位变了而忘记贫贱时的老朋友。一天，他把自己的朋友严光请到了洛阳。他知道严光有才华，想让他当官，结果被严光拒绝了。刘秀并不生气，他把严光请到皇宫，热情招待。晚上，两人一直交谈到深夜，并在一起睡觉。后来，刘秀也尊重严光的选择，并没有勉强他当官。刘秀贵为帝王，不忘故交，确实值得钦佩。

典故二

爱憎分明包青天

北宋时期，有一位著名的清官叫包拯。以前，来打官司的百姓只能在衙门外击鼓喊冤，等到衙门里的公差转递给办案的官员，案子才开堂审理。这样，一些公差们常找借口向告状人要钱。不给钱，就扣着状子不送。他们一刁难，穷苦的百姓可就遭了殃，拿不出钱，有冤无处诉，告状无门。这些都被新上任的开封知府包拯知道了。包拯命令衙门办公的日子，大门都开着。要告状的百姓可以直接上公堂，当面向他诉说是非曲直，当堂论断。从此以后，穷苦百姓告状有门了，不再为无处申冤发愁了。百姓对包拯十分信任，都愿意找他断案。包拯断案公道，为很多人申了冤。他的名声越来越大，"包青天"的说法也在老百姓中间传开了。

（二）**原文**

人不闲　勿事搅　人不安　勿话扰

释义

别人正忙得没有空闲时，不要因为自己的事去打扰；别人心情或情绪不安时，不要唠唠叨叨地对他说个不停。

典　故

不合时宜的劝说

三国时期，魏明帝最疼爱的一个女儿死了。魏明帝十分悲痛，决定厚葬她，并且表示自己要亲自去送葬。这时，大臣杨阜对明帝说："过去，先王和太后去世时，你都没有去送葬，现在女儿死了却去送葬，这与礼法不合。"杨阜说得有道理，但他却唠唠叨叨地说个不停。当时魏明帝正处于悲痛之中，所以，他不仅没有理会杨阜的意见，还把他赶出了朝堂。杨阜落得这个下场，完全是因为他说话不看时机的结果。

三　延伸学习：《道德经》第三十六章　柔弱刚强

原文

将欲歙之，必固张之；将欲弱之，必固强之；将欲废之，必固兴之；将欲取之，必固与之。是谓微明，柔弱胜刚强。鱼不可脱于渊，国之利器不可以示人。

释义

想要收敛它，必先扩张它；想要削弱它，必先加强它；想要废去它，必先抬举它；想要夺取它，必先给予它。这就叫虽然微妙却又鲜明，柔弱战胜刚强。鱼的生存不可以脱离池渊，国家的利器不可以轻易向人展示。

导读

　　从内容看，本章主要讲了事物的两重性和矛盾转化辩证关系，同时以自然界的辩证法比喻社会现象。在事物的发展过程中，都会走到某一个极限，此时，它必然会向相反的方向变化。例如，"物极必反""盛极而衰"等都可以说是自然界运动变化的规律，同时以自然界的辩证法比喻社会现象，以引起人们的警觉注意。这种观点贯穿于《道德经》全书。

　　本章的前八句是老子对于事态发展的具体分析，贯穿了老子所谓"物极必反"的辩证法思想。在"合"与"张"、"弱"与"强"、"废"与"兴"、"取"与"与"这四对矛盾的对立统一体中，老子宁可居于柔弱的一面。

　　在对人与物做了深入而普遍的观察研究之后，老子认识到，柔弱的东西里面蕴含着内敛，往往富于韧性，生命力旺盛，发展的余地极大。相反，看起来似乎强大刚强的东西，由于它的显扬外露，往往失去发展的前景，因而不能持久。在柔弱与刚强的对立之中，老子断言柔弱的呈现胜于刚强的外表。

　　大道之所以伟大是因为它平凡，而这才是老子所说的大道的根本，无为而无所不为的真谛。如果人类的领导者们能够掌握大道的这种根本，能够效法大道那无为而无所不为的做法，那么就无须用各种手段来笼络人心及费尽心机地控制他人了，人们会自然而然地归依到身旁，来享受没有任何伤害的安宁、平等与祥和！

第四节　泛爱众之四：身在事中　心超事外

一　《菜根谭》经典名句

原文

波浪兼天，舟中不知惧，而舟外者寒心；猖狂骂坐，席上不知警，而席外者咋舌。故君子身虽在事中，心要超事外也。

释义

波涛滚滚，巨浪滔天，坐在船上的人不知道害怕，而在船外的人却感到十分恐惧；席间有人猖狂谩骂，席中的人不知道警惕，而席外的人却感到震惊。所以有德行的君子即使身陷事中，也要将心灵超然于事外才能保持清醒。

解析

烦恼由心产生，但很多烦心事其实是庸人自扰。我们处于一个纷乱的世界，随时会遇到烦恼的事。有的人遇到芝麻大的小事就会惊慌失措，有的人却能在滔天巨浪里保持镇定，这种天差地别的态度就决定了人生的不同走向。烦恼如同不良生活习惯导致的疾病，淡定从容的生活态度，是免于烦恼的健康方式。但并非每个人都能做到，即使是明智的智者有时候也难以做到超脱于事外。

二　《弟子规》泛爱众之四

（一）**原文**

人有短　切莫揭　人有私　切莫说

释义

别人的短处，切记不要去揭穿；别人的隐私，切记不要去宣扬。

典故

宽厚待人

刘宽是东汉时期的一位丞相，以宽厚待人闻名于世。他的部下有了过错，他一般都能够体谅，对家人和仆人也从不生气。有一次，他的夫人想惹他发脾气，就在他穿好朝服准备上朝时，让侍女捧着一碗鸡汤给他喝，侍女在他面前故意失手，将鸡汤洒在了他的朝服上。侍女赶紧揩擦，然后低头站在一边准备挨骂。刘宽不仅不生气，反而关心地问："你的手烫伤了吗？"侍女很感动，夫人对他的涵养也十分佩服。刘宽因温和的性情、宽宏的气度，受到了人们的尊敬。

（二）**原文**

道人善　即是善　人知之　愈思勉

释义

称赞别人的美德，本身就是一种美德；别人听到你这样说他，就会更加勉励自己。

典故一

倒屣相迎

蔡邕是东汉时期杰出的文学家。那时候，蔡邕在朝野名重一时，常常是宾客盈门。但是，蔡邕从不高傲，非常尊重有才学的人。当时有一位年轻的才子名叫王粲，出身名门望族，才学出众。一天，王粲来到长安，去拜访蔡邕。蔡邕听说王粲来了，马上出门相迎，甚至把鞋子（屣）都穿倒了。他把王粲迎进家中，向宾客们进行了介绍，并对王粲大加赞誉。王粲为此深受鼓舞，后来王粲成为著名的文学家，被誉为"建安七子"之一。

典故二

黄帝与牧童

原文

黄帝将见大隗乎具茨之山，适遇牧马童子，问涂焉，曰："若知具茨之山乎？"曰："然。""若知大隗之所存乎？"曰："然。"黄帝曰："异哉小童！非徒知具茨之山，又知大隗之所存。请问为天下。"小童辞。黄帝又问。小童曰："夫为天下者，亦奚以异乎牧马者哉？亦去其害马者而已矣。"黄帝再拜稽首，称天师而退。

——《庄子·徐无鬼》

释义

上古时代，黄帝带着方明、昌宇、张若等六位随从，坐马车想到具茨山去见大隗。七圣在路上都迷路了。路上正巧遇到一位骑牛放马的牧童，黄帝问："你知道具茨山在哪里吗？"牧童说："知道啊！"黄帝问："你知道大隗在哪里吗？"牧童说："知道啊！"黄帝说："奇怪啊！你不但知道具茨山，也知道大隗。那么你知道怎么治天下吗？"牧童说："知道啊！治天下不就和牧马一样吗？只要把妨害马本性的东西去掉就好了。"黄帝说："谢谢！阁下真是天师。"

黄帝与牧童交流后，非常佩服和感慨："真是后生可畏，原以为小孩什么都不懂，却没想到这小孩从日常生活中，理解了治国平天下的方法。"

三 延伸学习：哲理故事——一棵树什么最重要？

一日，禅师问他的弟子们：一棵树什么最重要？弟子们有的说是枝，有的说是叶，有的说是花，还有的说是果。他们还各自说了一通各自重要的理由。而禅师却说；"无论是枝叶，还是花果，都是看得见的表象，表象永远都不是最重要的。""那一棵树什么最重要呢？"弟子们问。"根最重要。一棵树没有了根，就会死亡。"禅师说，"但根却长在我们看不见的地里。世上最重要的东西，也像根一样，往往隐藏在生命的深处。那么，一个人什么最重要呢？"

"那看不见的心灵最重要。"一个弟子答。"树没有了最重要的根会死，但为什么一些缺失心灵和美德的人，却活得好好的呢？"一个弟子持反对意见。"一些缺失心灵和美德的人，他们也会死，因为他们的精神死了，他们活着的，只是一身皮囊。"禅师道。

树之生命在于根，树之内涵在于根，树根决定一棵树的品质。这篇文章让人联想到中国著名教育家与儿童心理专家孙瑞雪所著的《完整的成长》。《完整的成长》中说道，我们从出生那一刻开始，婴儿就必须发展两个方面，而且必须同时向这两个方面迈进。外在世界：向外走，探知自然的、物质的、文化的、人的关系世界，发展自己的智能，发现并建立与外在世界和其他人的关系。这可以被称为客观世界。内在世界：向内走，创造内在的生命世界，开拓一个丰富的、生动的内在世界，创造属于自己生命的、情感的、心灵的、认知的、精神的生命景观——这是"自我"赖以生存与发展的内在环境，并以此连接外在的世界。这可以被称为主观世界。情绪就是我们内在世界的景观之一。

内在的世界，养树养根，养人养心。情绪是我们内在世界的一部分，我们需要认识高兴、愤怒、恐惧、悲伤，需要认识嫉妒、恼火、难过、兴奋，需要认识喜悦、爱、快乐和孤独，需要认识感受、体验和觉察。

第五节　泛爱众之五：气度平和　悦纳他人

一　《菜根谭》经典名句

原文

山之高峻处无木，而溪谷回环则草木丛生；水之湍急处无鱼，而渊潭停蓄则鱼鳖聚集。此高绝之行，褊急之衷，君子重有戒焉。

释义

山峰险峻的地方没有树木生长，而溪谷蜿蜒曲折的地方却草木丛生；在水流湍急的地方没有鱼儿停留，而平静的深水潭下则生活着大量鱼虾。所以过于清高的行为、过于偏激的心理，对一个有德行的君子来说，是应当努力戒除的。

解析

一个有德行的君子，应当努力戒除过于清高的行为和过于偏激的心理。一个想成就大业的人，应该戒除极端，学会以宽容的心态、平和的气度对待别人、悦纳别人，当忍则忍、当让则让，不能因为行事偏激而遭人记恨。

二　《弟子规》泛爱众之五

（一）原文

扬人恶　即是恶　疾之甚　祸且作

释义

宣扬他人的恶行，本身就是一种恶行；对别人过分指责批评，会给自己招来祸害。

典 故 -

因骂致祸

灌夫是汉朝的一名将军，勇猛善战，嫉恶如仇。他有一个缺点，就是脾气太直，说话不分场合，不讲究方式。他和当时的丞相隔阂很深。有一次，在丞相的婚宴上，灌夫因为一杯酒和丞相争吵起来，于是就把丞相平时所做的坏事都说了出来，以至于搅散了宴会。丞相是皇上的舅父，当然不会放过他，把他逮捕处死。别人做了坏事，不是说不要指正，但要讲究方式，注意策略，光凭一时的意气，贸然行事，是不会有好效果的。

（二） **原文**

善相劝　德皆建　过不规　道两亏

释义

朋友间应互相劝善，德才共修；有错不能互相规劝，两个人的品德都会亏欠。

典故一 -

诤友

南北朝时期，有一个叫崔瞻的人。他有一个好朋友叫李概，两人的关系很不一般，常常聚在一起谈天说地、赋诗唱答，互相学习和促进，如果对方有什么缺点，就会毫不客气地指出来。当时，人称他们莫逆之交。后来，李概要回老家了，听到这个消息，崔瞻十分难过，给李概写了一封信，信中写道："意气用事，仗气喝酒，是我经常犯的毛病。有你在，总是毫不犹豫地教训我，这是我人生的一大幸事啊！如今你走了，有谁还能指出我的缺点呢？"崔瞻的一番话，足见两人友情的深厚。

典故二 --------------------------------

魏征犯颜直谏

魏征是我国初唐伟大的政治家、思想家和历史学家，他辅佐唐太宗十七年，以"犯颜直谏"而闻名。一次，唐太宗从长安到洛阳，中途在昭仁宫（今河南省宜阳县）休息，因为对用膳安排不周到而大发脾气。魏征为此进谏唐太宗说："隋炀帝就是因为常常责怪百姓不进献食物，或者嫌进献的食物不精美，最终遭到百姓反对而灭亡了。陛下应该从中吸取教训，兢兢业业、小心谨慎、知足常乐。"唐太宗听后不觉一惊，说："若不是你，我就听不到这样中肯的话了。"

魏征为人耿直、有才干，是个忠臣，唐太宗不记前仇，任用他为谏议大夫。魏征不断向唐太宗提出好的建议，使唐太宗对他十分佩服。唐太宗曾说："我好比山中的一块矿石，矿石在深山是一块废物，但经过匠人的锻炼，就成了宝贝。魏征就是我的匠人。"魏征去世后，唐太宗说："用铜制成的镜子，可以照见衣帽是否端正；用古史作为镜子，可以参照政治的兴衰；用人作为镜子，可以知道自己的成绩与过错。我经常保持着这三面镜子，现在魏征去世了，我少了一面镜子。"

三 延伸学习：《道德经》第四十一章　善贷且成

原文

上士闻道，勤而行之；中士闻道，若存若亡；下士闻道，大笑之。不笑不足以为道。故《建言》有之："明道若昧；进道若退；夷道若纇；上德若谷；广德若不足；建德若偷；质真若渝；大白若辱；大方无隅；大器晚成；大音希声；大象无形；道隐无名。夫唯道，善贷且善成。"

释义

上士听了道的理论，勤于去实践；中士听了道的理论，将信将疑；下士听了道的理论，捧腹大笑以嘲笑它。不被嘲笑，那就不足以成其为道了。因此古时立言《建言》中说："光明的道好似暗昧；前进的道好似后退；平坦的道好似崎岖；崇高的德好似峡谷；广大的德好像不足；刚健的德好似怠惰；质朴而纯真好像浑浊未开；最洁白的东西，反而含有污垢；最方正的东西，反而没有棱角；最大的器物，反而最晚铸成；最大的声响，反而听来无声无息；最大的形象，反而没有形状。道幽隐而没有名称，无名无声。只有大道，善于给予万物并且成全万物。"

导读

本章前面先讲了"上士""中士""下士"对道的反映。在封建社会，"上士"即高明的小奴隶主贵族，"中士"即平庸的贵族，"下士"即浅薄的贵族。上、中、下不是就政治上的等级制度而言，而是就其思想认识水平的高低而言。在这里，老子讲了上士、中士、下士各自"闻道"的态度：上士听了道，努力去实行；中士听了道，漠不动心、将信将疑；下士听了以后哈哈大笑，说明"下士"只见现象不见本质，且还要抓住一些表面现象来嘲笑道，但道是不怕浅薄之人嘲笑的。

这一章引用了十二句古人说过的话，即"明道若昧；进道若退；夷道若额；上德若谷；广德若不足；建德若偷；质真若渝；大白若辱；大方无隅；大器晚成；大音希声；大象无形"，列举了一系列构成矛盾的事物双方，表明现象与本质的矛盾统一关系，它们彼此相异，互相对立，又是互相依存，彼此具有统一性，从矛盾的观点说明相反相成是事物发展变化的规律。"道"的本质隐藏在现象后面，浅薄之士是无法看到的，所以不被嘲笑就不称其为"道"。在所引的十二句成语中，前六句是指"道""德"。后六句的"质真""大白""大方""大器""大音""大象"指"道"或"道"的形象，或"道"的性质。

引完这十二句格言以后，用一句话加以归纳："道"是幽隐无名的，它的本质是前者，而表象是后者。十二句引言，从有形与无形、存在与意识、自然与社会各个领域、多种事物的本质和现象中，论证了矛盾的普遍性，揭示出辩证法的真谛，这是极富智慧的。人不应仅仅因为别人的怀疑或嘲讽而产生动摇，应该勇于坚持自我，只有"道"才能使万物善始善终。

《论语》里面记载过一个故事："子路有闻，未之能行，唯恐有闻。"子路比孔子小九岁，年轻时喜欢身披野猪皮，头上插几支野鸡毛，腰中斜插一把好剑，是个武力出众的人物。子路的悟性在孔子学生里面不算高的，悟性高的有颜回、子贡，这些都是能举一反三甚至更厉害的人物。子路自己也知道他悟性不高，所以就有上面的做法：子路听闻了道理，但还没来得及实践，就唯恐听到新的道理。子路的资质和我们一般人也许差不多，但是他身上的特点就符合"上士闻道，勤而行之"，道理只有和实践相结合，从实践中去验证道理、反思道理，人才会不断进步。

"上士闻道，勤而行之"使我们联想到众多成功人士，他们在前进的道路上其实都经历了挫折、打击乃至嘲讽，但正是其勇于坚持自我的韧劲，最终将其导引向了成功。

第六节　泛爱众之六：喜时则喜　怒时则怒

一　《菜根谭》经典名句

原文

心体便是天体。一念之喜，景星庆云；一念之怒，震雷暴雨；一念之慈，和风甘露；一念之严，烈日秋霜。何者少得？只要随起随灭，廓然无碍，便与太虚同体。

釋義

　　人心的本性与大自然宇宙的本体是一致的。当人心中有了喜悦的念头时，就像大自然的天空出现瑞星祥云；当人的心中有了愤怒的念头时，就像是大自然中雷雨交加的天气；当心中有慈悲的念头时，就像是春风雨露滋润天下万物；当心中有严厉的念头时，就像寒霜烈日冷热逼人。有哪些又能少得了呢？只要人类的喜怒哀乐可以在兴起之后立即消失，心体如同天体广袤无边，毫无阻碍，便可以和天地同为一体了。

解析

　　实实在在地做事，规规矩矩地做人。坦然地接受自然的赐予，回报自然以真心，生活就是如此单纯。真正成功的人生，在于能够活出自我。

二　《弟子规》泛爱众之六

（一）原文

　　凡取与　贵分晓　与宜多　取宜少

釋義

　　拿别人东西和给别人东西，轻重要分清楚；给人家东西要多一点，拿人家东西要少一点，这是人情来往的道理。

典　故 --

知恩图报

　　赵盾是春秋时期晋国的大臣，当时国君十分残暴，由于赵盾经常指责他的过失，国君多次要谋害他。有一次，国君假意请赵盾喝酒，却在酒宴上埋伏了杀手，眼看赵盾就要被杀时，一名武士救他脱离了险境。后来，赵盾问那个人为什么要拼死相救，这位武士说："当年，我饿得要死时，是您送给我一筐饭食，并且还送东西养育我的母亲。"原来，这个武士是当年赵盾打猎时救济过的一个乞丐。这个乞丐一直忘不了赵盾对他的恩德，所以这次赵盾遇难时，武士就奋不顾身地搭救了他。

（二）原文

将加人 先问己 己不欲 即速已

释义

打算怎样去对待别人，应该先问问自己：这是不是自己愿意做的？如果不愿意，就应该马上停止。

典故一

曹操的宽容

东汉末年，曹操最初和袁绍作战时总处于下风，他的许多部下对胜利没有信心，都和袁绍私下进行书信联络，以便曹操失败后自己好有个出路。后来经过官渡之战，曹操打败袁绍，从袁绍那里缴获了这些书信，曹操看也不看，就让人烧毁了。有人问曹操，为什么不查查是哪些人和袁绍勾结。曹操说："这些跟我打仗的人都有家庭儿女，谁在绝望时都会找出路。当时，我也没有信心，何况他们？所以，不能去追问了。"曹操在这里遵循了推己及人的原则，显示出了他宽广的胸怀。

典故二

武王伐纣

商朝后期政治混乱，最后一个帝王纣王只知道自己享乐，根本不管人民的死活，是个残暴的君主。

商纣王在首都北边的沙丘养着各地送来的珍禽异兽，在首都的南边修建鹿台，用来存放无数珍宝财物。他还造了"酒池"，里面装满了美酒；还造了"肉林"，里面挂满了香喷喷的熟肉。纣王每天和妃子、大臣们在"酒池""肉林"中嬉戏游乐。纣王还发明了很多严酷的刑罚，其中一种叫"炮烙之刑"，就是把涂满膏脂的铜柱放在燃烧的炭火上，强迫犯人在上面行走，犯人站不住，就掉到炭火中活活烧死。商纣王不听任何人的劝说，他的叔叔比干因为向他提出意见而被他挖心处死。

周武王联合西方和南方的部落，向商纣王进攻，双方在牧野（今河南省境内）大战。商朝的军队中大部分是奴隶，他们平时恨透了纣王，不但不抵抗，还纷纷起义，引导周军攻入商朝首都。商纣王自焚而死，商朝终于灭亡。周武王得到了各个部落和小国家的拥护，于公元前1046年建立了周朝，定都镐京（在今陕西西安长安区西北），历史上称为"西周"。

三 延伸学习：哲理故事——快乐人生四句话

一位年轻人去拜访一位智者。年轻人问："我怎样才能变成一个自己愉快，同时也能给别人带来快乐的人呢？"智者笑着说："孩子，在你这个年龄有这样的愿望，实属难得。我送给你四句话吧。"年轻人细心聆听智者的教诲。

"第一句话：把自己当成别人。"智者说。年轻人说："在我痛苦忧伤的时候，把自己当成别人，这样痛苦自然就减轻了；当我欣喜得意之时，把自己当成别人，那样，狂喜也会变得平和一些。是不是这样？"

智者点点头，并说道："第二句话：把别人当成自己。"年轻人沉思了一会儿，说："这样就可以真正同情别人的不幸，理解别人的需要，并给予他人适当的帮助。"

智者笑望着年轻人，说："第三句话：把别人当成别人。"年轻人默默地思索着，然后抬头看着智者："这句话是不是说，要充分尊重每个人的独立性，在任何情形下都不可侵犯他人的核心领地？""很好，就是这样！"

"第四句话是：把自己当成自己。"见年轻人似懂非懂，智者温和地说："这句话理解起来也许太难，留着你以后慢慢品味吧！"年轻人沉吟很久，说:"我想,它至少包含有这样的意思,那就是:我们必须为自己负责。"智者微笑,未置可否。

年轻人又问:"请问,这四句话怎样才能统一起来呢?"智者说:"很简单,用一生的时间和经历。"

认真分析"快乐人生四句话",感悟到把自己当成别人是豁达,把别人当成自己是宽容,把别人当成别人是睿智,把自己当成自己是彻悟。能够认识别人是一种智慧,能够被别人认识是一种幸福,能够自己认识自己是圣者贤人。得意不忘形,失意不失态,自己才是自己人生的设计师,自己为自己的人生负责。

把自己当别人,是豁达,心态平和,让人减少痛苦,平淡狂喜;把别人当自己,是宽容,学会怜悯,让人同情不幸,理解需要;把别人当别人,是睿智,懂得尊重,尊重独立性,不侵犯他人;把自己当自己,是彻悟,懂得自爱,珍惜自己,快乐生活。

尊重绝不是社交场合的礼节,而是来自一个人对另一个人自然的平视,发自内心的平等对话,质朴而明确,不功利也不廉价。不歧视他人的处世态度,不干扰他人的生活状况,给予彼此独立的个人空间,并体谅对方以任何形式存在于这个社会,以平和的心态去接纳所有看似"不可思议"事物的存在,这才是真正处世的高贵与灵魂的优雅。

"快乐人生四句话",让我们学会双向看人看己,双面看事看理。人高在忍,人贵在善,人杰在悟。得意时不要太狂妄,狂之则骄,骄之必败;失意时不要太悲伤,悲之则馁,馁则必衰,一蹶不振;别人就是别人,有别人的核心领地,不可侵犯;己所不欲勿施于人,不苛求于己,顺其自然,随遇而安。

第七节 泛爱众之七：聪明不露 才华不逞

一 《菜根谭》经典名句

原文

鹰立如睡，虎行似病，正是它攫人噬人手段处。故君子要聪明不露，才华不逞，才有肩鸿任钜的力量。

释义

老鹰站立时双目半睁半闭仿佛处于睡态，老虎行走时慵懒无力仿佛处于病态，实际这些正是它们准备取食的高明手段。所以有德行的君子要做到不炫耀自己的聪明，不显示自己的才华，才能有力量担任艰巨的任务。

解析

深藏不露是一种智谋。荣誉面前沾沾自喜，是招致灾祸的常见原因；保持淡然的态度，谦虚处世就会减少别人嫉恨和打击你的可能。以静制动，百战百胜；轻举妄动，锋芒毕露，往往会遭受祸患。鹰虎潜藏草木之中，伺机猎获诸兽，而狡兔蹿入荒野，时遭杀身之祸。聪明难得，糊涂更难得。

二 《弟子规》泛爱众之七

（一）原文

恩欲报 怨欲忘 报怨短 报恩长

释义

得了人家的好处应该想方设法去报答，和别人结的怨恨要想方设法去忘掉；抱怨不过是一时，报恩才是长远的事。

报德忘怨

吕蒙正是宋朝名臣，为人正直善良。有一次，朝廷要任命高官，许多大臣都极力推荐他，但有一位大臣却极力反对，并说了吕蒙正许多坏话。经过多次讨论，皇帝还是任命了吕蒙正。之后，有位朋友为吕蒙正遭人非议之事愤愤不平，告诉他这些情况，并要告诉他那人的姓名。吕蒙正劝阻了朋友，并说："我们不能因为私人恩怨与他争吵，如果知道他是谁，就会忘不了那人的过错。我不追问那人的姓名，也是为了以后能大公无私，秉公办事，个人的委屈能算什么呢！"

（二）原文

待婢仆　身贵端　虽贵端　慈而宽

释义

对待婢女和仆人，自己要品行端正、以身作则；虽然品行端正很重要，但是仁慈宽厚更可贵，不要看不起他们。

战不旋踵

吴起是战国时期的军事家，能征善战，而且很爱护士卒。有一次，一名士兵脚上生疮化了脓，吴起为了使这名士兵快点好起来，就亲自用嘴给他吮脓，这位士兵的母亲听说以后，哭了起来。别人问她哭的原因，她说："我的丈夫就曾让吴起将军吮过脚上的脓疮，结果他在战场上英勇杀敌，战不旋踵，战死了。我儿子现在又这样，恐怕离战死不远了。"吴起之所以是一个百战百胜的将军，不只是军事谋略高人一筹，懂得爱护士卒也是很重要的原因。

（三） 原文

势服人　心不然　理服人　方无言

释义

用权势去压服人，虽然被压之人会表面服从，但心里还是不服；用道理说服人，才会令他们心服口服、心悦诚服。

典故一 ------------------------------

将相和

战国时期，廉颇和蔺相如同在赵国做官。廉颇战功卓著，被封为上卿；而蔺相如在出使秦国后，立有大功，也被封为上卿，地位在廉颇之上。廉颇不服，想羞辱蔺相如。蔺相如知道后，经常回避廉颇，以免发生冲突。蔺相如说："秦国所以害怕赵国，是因为有我们两人，如果我们两人相斗，国家就危险了。"廉颇知道后，感到羞愧，脱了上衣，背着荆条到蔺相如门前谢罪，即成语"负荆请罪"的出处。从此，两人和好如初，并且成为同生死、共患难的朋友。

典故二 ------------------------------

六尺巷

清朝时，在安徽桐城有一个著名的张氏家族，张英、张廷玉父子两代为相，权势显赫。清康熙年间，张英在朝廷当文华殿大学士、礼部尚书。

桐城的张家老宅与吴家为邻，两家府邸之间有个空地，供双方来往交通使用。后来邻居吴家建房，要占用这个通道，张家不同意，双方将官司打到县衙门。县官考虑双方都是名门望族，不敢轻易了断。在这期间，张家人写了一封信给在北京当大官的张英，要求张英出面，干涉此事。张英收到信件后，认为应该谦让邻里，给家里回信中写了四句话："千里来书只为墙，让他三尺又何妨？万里长城今犹在，不见当年秦始皇。"

家人阅罢，明白其中意思，主动让出三尺空地。吴家见状，深受感动，也主动让出三尺，这样就形成了一个六尺的巷子。两家礼让之举和张家不仗势压人的做法传为美谈。

三 延伸学习：《成长比成功重要》

成功并不能等同于成长。成功是你的目标，成长是你达到目标的道路。成长的道路并非一帆风顺，有的人没能坚持到终点，有的人在挫折面前选择了软弱和妥协，也有的人用正确的方法和坚定的信念取得了令人瞩目的成功。

书籍《成长比成功重要》由人民日报社高级编辑、资深记者凌志军编写。他研究了三十名优秀的天才"微软小子"，探讨出优秀成功者的十条共性。

之一，他们的成长与优越的家庭背景没有任何正相关的关系，事实正相反，与贫寒之家联系密切。

之二，没有发现一个能与他们成功之路联系起来的家庭教育模式，在严格或宽松的家庭教育环境中都可以找到成功的案例。但他们无一例外都希望拥有一个宽松的环境。

之三，他们的家庭都显示出很强烈的正面影响，父母与孩子的关系融洽。

之四，他们全都有一个充分发展独立意志的过程。

之五，没有发现考试得"第一名"与日后的成就之间存在必然的联系。事实上，这三十人中的大多数，在学生时期并不是"第一名"。他们更多地处在第三到第十名的位置上。他们都认为"不必在意名次"。

之六，他们背课本和做习题的时间大大低于同学中的平均值。其中80%的人在中学和大学时期拥有广泛的兴趣，而不只是满足教学大纲的要求。

之七，他们不仅关心哪些事情是必须做好的，而且更关心哪些事情是自己真正想做的，哪些事情是真正适合自己的，哪些事情是绝对不能做的。他们无一例外地在自己想要做和适合自己做的事情上投入了更多的精力。

之八，没有发现他们具有超越常人的智商。事实是，在任何一个学习阶段，情商都显示出比智商更重要。他们之所以与众不同，是因为他们拥有健康的性格、良好的学习态度和学习习惯。

之九，他们都经历过一个"开窍时期"。在此之前，他们全都没有承受过多的来自外界的压力；在此之后，他们全都在内心中增加对自己的压力。

之十，他们全都在关键时候遇到了优秀的老师。在让他们难以忘怀的这些老师中，没有一个是教会他们应对考试的人。这些老师之所以让他们忘怀，奥秘全在课堂之外：教他们如何做人；教他们如何学习；告诉他们朝哪个方向走去，而那里真的就有他们想要的东西。

凌志军记者研究三十名"微软小子"的新发现是，把学校的全部课程和考试加在一起，其实只开发了学生的一个大脑，导致大多数学生在以后漫长的岁月中只会使用一个大脑。大脑的成长与知识的积累不是一回事。以公认的标准来衡量的好学生，比如考试成绩优秀的学生，并不一定具有优秀的思维能力。"E学生"几乎全部拥有广泛的兴趣，并且有意无意地全方位训练自己的大脑。

"3E"学生是拥有强烈自主意识和很高的情商，因而更快乐、更杰出的学生。第一，emotional quotient（EQ）：很高的情商；第二，enjoy：快乐，享受学习，而不仅仅是完成学习；第三，excellence：优秀，杰出。

我们国家的教育体系就像一座大厦，里面容纳了亿万学生，每一个学生在这大厦里都有自己的位置。这个大厦并非我们通常看到的那种形状，它是一个金字塔。金字塔有五级，学生则有五种类型，分别对应金字塔的五个层次。

五级"金字塔"
——5 种类型的学生

拥有强烈自主意识和很高的情商，因而更快乐、更杰出

自信、主动、积极，把必须要做的事情做到最好，持续性地保持一流的成绩

全身心投入、刻苦用功、头悬梁锥刺股、按部就班地朝着一流的方向努力

消极、被动、麻木，在父母、老师的督促和环境的压力下取得进步

不快乐、厌烦、心理上的强烈反感和抵触，恨不得把课本摔到老师脸上去

A 级，厌学型：不快乐、厌烦、心理上的强烈反感和抵触，恨不得把课本摔到老师脸上去。

B 级，被动型：消极、被动、麻木，在父母、老师的督促和环境的压力下取得进步。

C 级，机械型：全身心投入、刻苦用功、头悬梁锥刺股、按部就班地朝着一流的方向努力。

D 级，进取型：自信、主动、积极，把必须要做的事情做到最好，持续性地保持一流的成绩。

E 级，自主型：拥有"D 级学生"的特征，此外还有自主、自由、坚韧、快乐等特点，有个性、有激情、有想象力，享受学习而不是完成学习，不以分数衡量成败，不一定是第一名，但一定有独立的意志，有强烈的兴趣，有一个执着追求的目标。

凌志军研究发现，区别"五级学生"的标志不是考试分数，而是学习态度。三十名"微软小子"中，80%的人出生在小城镇，并且在那里度过童年；至少有两个"发育不良"的例子，由于教育，他们才能后来居上，朝向"E 学生"的"起跑线"，几乎100%出现在6至12岁之间；"E 学生"在他们的起点上，也会有恐惧感，也会有糟糕的成绩；"E 学生"的考试成绩有可能不如其他学生。教育是培养学生自信的过程,自信是成长之路上的第一路标,自信是一种感觉,自信是你内心的标准,自信就是摆脱束缚,自信就是战胜恐惧的渴望。

《弟子规》之亲仁

　　"亲仁"为《弟子规》主修的第六门课，全文4则48字，告诫弟子要亲近品行高尚的人，使自己的道德品质逐步提高。"能亲仁，无限好，德日进，过日少"，学尚躬行，立业种德与智者同行，你会不同凡响；与高人为伍，你能登上顶峰。

　　能够亲近有仁德的人，向他学习，真是再好不过了，因为这会使我们的德行一天比一天进步，过错也跟着减少。如果不肯亲近仁人君子，就会有无穷的祸害，品质恶劣的小人接近你，会有无穷的害处。

　　在现实生活中，你和谁在一起的确很重要，甚至能改变你的成长轨迹，决定你的事业成败。和什么样的人在一起，就会有什么样的人生。和勤奋的人在一起，你不会懒惰；和积极的人在一起，你不会消沉；和消极的人在一起，你会在不知不觉中失去梦想，日渐颓废。

亲仁 4则48字

同是人	类不齐	流俗众	仁者希
果仁者	人多畏	言不讳	色不媚
能亲仁	无限好	德日进	过日少
不亲仁	无限害	小人进	百事坏

微课

第一节 亲仁之一：学尚躬行 立业种德

一 《菜根谭》经典名句

原文

读书不见圣贤，如铅椠佣；居官不爱子民，如衣冠盗。讲学不尚躬行，如口头禅；立业不思种德，如眼前花。

释义

读书不学习圣贤，就是文字的奴隶；做官不爱民，就是衣冠楚楚的强盗。讲学问不崇尚实践，就像随口念经却不悟佛心的和尚；建立功业不想着培养道德，就像开放的花朵，转眼就会凋谢。

解析

学习传统文化，读经典书籍，如果不能将圣贤教诲、人生哲理，内化到生命的底蕴中去，就只算是一个做文字工作的抄书匠。为官从政，如果不爱护百姓，真诚地为人民服务，跟穿着有模有样的盗贼没什么区别。讲课教学，身为人师，如果不注重将教授的学问以身作则，真正落实在生活中，就只能是华而不实、夸夸其谈；立身处世，成就一番事业，如果没有长远的眼光，广修功德，这样的事业只会转眼即逝，如昙花一现。

二 《弟子规》亲仁之一

原文

同是人　类不齐　流俗众　仁者希

释义

同样在世为人，品行高低各不相同；品行一般的俗人多，品行高尚的仁者少。

典故一

感化偷牛人

三国时有一个叫王烈的读书人，在当地很有威望。有一个人偷了别人家一头牛，被失主捉住了。偷牛人说："我一时鬼迷心窍，偷了你的牛，你怎么罚我都行，只求你不要告诉王烈。"后来，王烈知道了这件事，立即托人赠给偷牛人一匹布。有人不理解，王烈解释道："做了贼而不愿让我知道，说明他有羞耻之心，我送布给他是为了激励他改过自新。"后来，这个曾经偷牛的人变成了一个乐于助人、拾金不昧的好人。

典故二

屈原洁身自爱

屈原，名平，字原，是战国时期的楚国贵族。屈原自幼勤奋好学，胸怀大志，早年受楚怀王信任，任左徒、三闾大夫，主持内政外交事务。常与怀王商议国事，参与法律的制定，主张章明法度，举贤任能，改革政治，联齐抗秦。在屈原的努力下，楚国国力有所增强。但是，由于他自身性格耿直，再加上楚怀王的令尹子椒、上官大夫靳尚和他的宠妃郑袖等人受了秦国使者张仪的贿赂，阻止楚怀王接受屈原的意见，楚怀王逐渐疏远了屈原。公元前305年，屈原反对楚怀王与秦国订立黄棘之盟，但是楚国还是彻底投入了秦国的怀抱。屈原亦被楚怀王逐出郢都，开始了流放生涯。结果楚怀王被秦国诱去，囚死于秦国。楚顷襄王即位后，屈原继续受到迫害，并被放逐到江南。

公元前278年，秦国大将白起带兵南下，攻破了楚国国都，屈原的政治理想破灭，对前途感到绝望，虽有心报国，却无力回天，只得以死明志，就在同年五月投汨罗江自杀。端午节也是因此而来的。自屈原始，中华才有了以文学著名于世的作家。

（二）**原文**

果仁者　人多畏　言不讳　色不媚

释义

真正品行高尚的人，大家都敬重他；这样的人说话直言不讳，也不去谄媚讨好别人。

典　故 -

不下拜

萧衍是南朝的一位皇帝。在萧衍即将当皇帝的时候，人们见了他都歌功颂德，萧衍自己也志得意满，十分高兴。但这时有一个叫谢览的人，见了萧衍既不恭维，也不拘束，给萧衍行礼后转身就走了。萧衍见此情景，沉默了好一会儿，然后问身边的官员："这位年轻人是谁？"手下人告诉他这个人叫谢览。萧衍记住了这个名字。他对这位年轻人不卑不亢、坦然自若的样子很赞赏，决定重用他。

同样在世为人，品行高低各不相同。品行一般的俗人多，品行高尚的仁者少。如果有一位仁德的人说话公正无私没有隐瞒，又不讨好他人，大家自然敬畏他。

在这个世界上，符合仁人标准的人很少。那么，什么样的人才可以称得上是仁人志士？微子、箕子、比干，这是孔子眼中的三个仁人，是真正品德高尚之人，我们也希望在生活中能够与这样的人交朋友。

三 延伸学习:《道德经》第四十二章 宇宙论

原文

道生一,一生二,二生三,三生万物。万物负阴而抱阳,冲气以为和。人之所恶,唯孤、寡、不谷,而王公以为称。故物或损之而益,或益之而损。人之所教,我亦教之。强梁者不得其死,吾将以为教父。

释义

道产生浑然一体的混沌气,其本身包含阴阳二气,阴阳二气相交而形成一种均匀和谐的状态,万物在这种状态中产生。万物背阴而向阳,并且因阴阳二气的互相激荡而形成新的和谐体。人们最厌恶的就是"孤""寡""不谷",但王公却用这些字来称呼自己,以表示谦虚。所以一切事物,有时减损它却反而得到增加,有时增加它却反而得到减损。别人这样教导我,我也这样去教导别人。以强暴欺压人民的人死无其所,我把这句话当作施道的宗旨。

导读

老子用"一"代替道这一概念的表示,即道产生的混沌气。"二"指阴气、阳气;"三"指由两个相互矛盾冲突的对立方所产生的第三者,进而生成万物。"负阴而抱阳",指背阴而向阳;"冲气以为和",指阴阳二气互相冲突交合而成为均匀和谐状态,从而形成新的统一体;"父"即始、本、规矩,有根本和指导思想的意思。

道生气,气生阴阳,阴阳合和而生万物。这就是老子的宇宙观。用图形表示,就是流传千古的太极图。太极图中,阴中有阳,阳中有阴,阴盛而阳衰,阳盛而阴衰,阴与阳相反相成,互动平衡,结合成一个和谐的整体。

这一章的前半部分讲的是老子宇宙生成论。这里老子说到"一""二""三",乃是指"道"创生万物时,从少到多,从简单到复杂的一个的过程。宇宙万物的总根源是"混而为一"的"道",对于千姿百态的万物而言,"道"是独一无二的。另一段话是警诫王公要以贱为本、以下为基。

人们对万物的认识又称为社会见解。强行违反规律的人就要遇到很大危险。我们要顺应这种规律，同时更深层次地去探索研究，从而更深层次地了解事物的内在本质。

第二节　亲仁之二：教育弟子　交友要慎

一 《菜根谭》经典名句

原文

教育弟子如养闺女，最要严出入，谨交游。若一接近匪人，是清静田中下一不净的种子，便终身难植嘉禾矣！

释义

教育弟子就好像养闺中的女儿一样，最重要的是严格管理其生活起居，注意他所结交的朋友。一旦让他结交了品行不端的朋友，就好像在肥沃的土地中播下了一颗不良的种子，这样一来，就永远也种不出好的庄稼了。

解析

中国人历来重视子女教育，尤其重视环境的选择。"昔孟母，择邻处，子不学，断机杼"，孟子的母亲深知"近朱者赤，近墨者黑"。古人云："与善人交，如入芝兰之室，久而不闻其香；与恶人交，如入鲍鱼之肆，久而不知其臭"，即交友要慎，要和道德高尚的人生活在一起。我们曾经学习了"益者三友，损者三友。友直、友谅、有多闻，益矣；有便辟、友善柔、友便佞，损矣"。真正的益友是能够劝谏自己过失的人。现今无论世界哪个国家，都把孩子的成长阶段视为特别时期，采取各种方法保障青少年健康成长。教育弟子要严格管理其生活起居，给他良好的成长环境。

二 《弟子规》亲人之二

原文

能亲仁　无限好　德日进　过日少

释义

能够亲近品德高尚的人，对自己有莫大的好处，会使自己的道德品质一天天提高，过错一天天减少。

典故一

孟母择邻

孟轲是战国时期著名的思想家，相传他很小的时候父亲就去世了，母亲承担了教育孟轲的职责。孟母为了教育他，曾经三次搬家。起先，孟轲家曾住在一片墓地附近，孟轲经常模仿出殡的场景。孟母怕孟轲误入歧途，就把家搬到了人多的集市上，集市上商人小贩油头滑脑，孟轲又开始学骗人。孟母十分担心，又把家搬到学堂旁边。这样，孟轲每天听到的是读书声和先生的教导，孟母终于满意了。在孟母的努力下，孟子终于置身于一个良好的学习环境，成为伟大的思想家。

典故二

司马迁熟读史书著《史记》

司马迁的父亲司马谈是一个渊博的学者，对于天文、历史、哲学都深有研究，所著《论六家之要指》一文，对先秦各家主要学说做了简要而具有独特眼光的评论。这对司马迁的早期教育无疑有重要意义。

司马迁十岁左右，随就任太史令的父亲迁居长安，以后曾师从董仲舒学习《春秋》，师从孔安国学习古文《尚书》，这都奠定了他的学问的基础。二十岁那年，他开始广泛游历。据《史记·太史公自序》记载，这一次游历到达今天的湖南、江西、浙江、江苏、山东、河南等地，寻访了传说中大禹的遗迹和屈原、韩信、孔子等历史人物活动的旧址。

司马迁一生多次游历，足迹几乎遍及全国各地。游历开阔了他的胸襟和眼界，使他接触到各个阶层各种人物的生活，并且搜集到许多历史人物的资料和传说，这一切对他后来写作《史记》起了很大作用。《史记》被列为中国第一部"正史"，自此以后，历代"正史"的修撰从未断绝，汇成一条文字记载的历史长河，堪称世界史学史上的奇迹。

（二）**原文**

不亲仁　无限害　小人进　百事坏

释义

不亲近品德高尚的人，对自己有莫大的坏处；品质恶劣的小人接近你，会有无穷的害处。

| 典　故

交友之戒

三国时期，刘伟与魏讽关系很好。刘伟的哥哥了解魏讽的为人，知道他是一个扰乱社会、沽名钓誉的人，就劝弟弟说："做人一定要同那些品行高洁的人交往，这样会对自己有很多好处；如果和那些品质恶劣的人交往，后果定会不堪设想。我看魏讽这个人品行不端，喜欢结交一些不三不四的人，你最好不要和他来往，以免将来受他的连累。"刘伟并没有听哥哥的劝告。后来，魏讽因作乱招致灾祸，刘伟由于和他来往密切也受到牵连。他后悔没听哥哥的劝告，可是已经来不及了。

三 延伸学习：哲理篇——成为一棵大树需要具备五个条件

我们都知道大树底下好乘凉，而如何成为一棵大树，却不是一朝一夕的事情。经过对一棵大树成长经历的研究后发现，要成为一棵大树需要具备五个条件。

（一）成为一颗大树的第一个条件：时间

没有一棵大树是树苗种下去后马上就变成大树的，一定是岁月刻画着年轮，一圈圈往外长。这说明一个人要想成功，一定要给自己时间，时间就是经验的积累。

（二）成为一颗大树的第二个条件：不动

没有一棵大树是第一年种在这里，第二年种在那里，一定是千百年来经风霜、历雨露，屹立不动。正是无数次的经风霜、历雨露，最终成就大树。大树的不动让我们看到了人生的坚持，任何人要想成功，一定要"经风霜、历雨露，始终坚持而不悔"。

（三）成为一棵大树的第三个条件：根基

树有千百万条根，粗根、细根、微根，深入地底，忙碌不停地吸收营养，成长自己。绝对没有一棵大树，没有根。要想成功，一定要不断学习，不断充实自己，自己扎好根，事业才基业常青。

（四）成为一棵大树的第四个条件：向上长

没有一棵大树只向旁边长，只长胖不长高，一定是先长主干再长细枝，一直向上长。要想成功，一定要向上，不断向上才会有更大的空间。排除一切干扰，朝着目标坚定不移地前进。

（五）成为一棵大树的第五个条件：向阳光

没有一棵大树长向黑暗。积极地向光生长是大树的希望所在，就是为了争取更多光明。大树心中的目标就是积极地寻找阳光，阳光就是大树的希望所在，大树向着光，向着成功，绝对不会长向坑洞，长向黑暗。必须为自己争取更多的光明，才会成为参天大树。

想成为大树，就不要和小草去比。草的生长速度和树相比，短期来看肯定是草的长势明显，但是几年过后，草换了几拨，但是树依旧是树。所以这个世界上只有古树、大树，却没有古草、大草。做人做事，重要的不是一时的快慢，而是持久的发展力。

四　延伸学习：哲理故事——一颗受伤的树

有一个农场主为了方便拴牛，在庄园的一棵榆树上箍了一个铁圈。随着榆树的长大，铁圈慢慢嵌进了树身，榆树的表皮留下一道深深的伤痕。

有一年，当地发生了一种奇怪的植物真菌疫病，方圆几十公里的榆树全部死亡，唯独那棵箍了铁圈的榆树存活下来。

为什么这棵榆树能幸存呢？植物学家对此产生了兴趣，于是组织人员进行研究。结果发现，正是那个给榆树带来伤痕的铁圈拯救了它。因为榆树从锈蚀的铁圈里吸收了大量的铁，所以榆树才对真菌产生了特殊的免疫力。

这是一个真实的故事。故事发生在20世纪50年代美国的一个农场里。这棵树至今仍生长在美国密歇根州比犹拉县附近的那个农场里，充满生机和活力。

不仅是树，人也是如此。我们也许在生命中受过各种各样的伤害，但这些伤害又可能成为生命的一道养料，让生命变得更刚毅、更坚强，更充满生机、活力和希望。同时也让伤害成为一个警醒，让我们及时从迷惑中解脱。

没有人会无缘无故在你生命中出现，我们要感谢每一个在你生命里出现的人。爱你的人给了你感动，你爱的人让你学会奉献，你不喜欢的人教会你宽容与接纳，不喜欢你的人促使你自省与成长。所以，如果你曾受过伤害，请感谢那些你认为伤害了你的人，因为他们帮助你成熟和成长。

人生也要像一棵树，无论是顺境还是逆境，都能心意坚定、淡定从容。这是我们必修的功课，让我们历境炼心，自在而行。只有有了高贵的品质，有了深度、厚度、韧度，才会得到自由奔放的精神。

《弟子规》之余力学文

"余力学文"为《弟子规》课程的辅修课，全文12则144字，告诫弟子要知行合一、读书的方法讲究三到、学习的时间与学习的环境如何安排、书籍如何摆放；非高雅有益的书不能看；不自暴自弃，通过努力，成为一个品德高尚的人。

关注学习方法、学习环境、学习心态、学习习惯，提倡在书中修身。学习有益的学问，并肯于实践，采用好的学习方式，贵在专心致志，善于请教，养成记笔记的好习惯，以及要读好书，做生活的强者等。

读书的方法要注重三到，眼到、口到、心到。三者缺一不可，这样才能收到事半功倍的效果。研究学问要专一、专精，这样才能深入；不能这本书才开始读没多久，又想读其他的书，这样永远也定不下心，必须把这本书读完，才能读另外一本。读书要用心专一。

在制订读书计划的时候，不妨宽松一些，实际执行时，就要加紧用功、严格执行，不可以懈怠偷懒，日积月累，功夫深了，原先窒碍不通、困顿疑惑之处就自然迎刃而解了。求学当中，心里有疑问，要马上把问题记录下来，一有机会就向良师益友请教，务必明白它的真义，一定要得到正确的答案才可通过，这是认真学习的态度。

余力学文 12则144字

不力行	但学文	长浮华	成何人
但力行	不学文	任己见	昧理真
读书法	有三到	心眼口	信皆要
方读此	勿慕彼	此未终	彼勿起
宽为限	紧用功	工夫到	滞塞通
心有疑	随札记	就人问	求确义
房室清	墙壁净	几案洁	笔砚正
墨磨偏	心不端	字不敬	心先病
列典籍	有定处	读看毕	还原处
虽有急	卷束齐	有缺坏	就补之
非圣书	屏勿视	蔽聪明	坏心志
勿自暴	勿自弃	圣与贤	可驯致

微课

第一节 余力学文之一：兢业心思 潇洒趣味

一 《菜根谭》经典名句

原文

学者有段兢业的心思，又要有段潇洒的趣味，若一味敛束清苦，是有秋杀无春生，何以发育万物。

释义

一个作学问的人，思考要细密，行为要谨慎，同时又要有潇洒脱俗的超凡胸怀，凡事都不拘泥细节，如此才能保持生活中的情趣。反之，假若一味克制自己，过极端清苦的生活，就如同大自然中只有落叶的秋天，而没有和煦的春天，这又怎能培育万物的成长而至开花结果呢？

解析

宽严得宜，勿偏一方。做学问的人要行为谨慎，也要有不受拘束的情怀，才能体会到人生的真趣味。"潇洒的趣味"对求学的人来说包括两个方面：一是为人之道，二是生活之道。做学问同时要学会如何做人、如何生活。以书中贤者、圣人的为人之道、生活之道衡量我们自己的为人和生活方式，虽然不求完全匹敌，但至少让它们帮助我们改进和提高，这样我们的境界就会提高。把万卷藏书收纳于头脑中，还要把头脑中万卷藏书深入浅出地应用于生活。一个人只有将学问做到自己的心里，让自己的心界像所学的知识一样延展时，才是真正地掌握了治学之道。将学问推及生活，才能使自己的生活更有意义。

好学近乎知，力行近乎仁，知耻近乎勇。喜欢学习就接近了智，努力实行就接近了仁，知道羞耻就接近了勇!春秋时期，吴越交兵，越国兵败。越王勾践入吴宫，做了吴王夫差的奴隶。勾践含羞忍辱，终于获释回国。他卧薪尝胆，访贫问苦，任用贤才，发展生产。那种状况，在中国历代统治者中绝无仅有。十年生聚，十年教训，终于国家富足、军队精壮，一举灭掉吴国，勾践也成为春秋霸主。这就是"知耻而后勇"!

二 《弟子规》余力学文之一

原文

不力行　但学文　长浮华　成何人

释义

只知道啃书本，不知道按书中的道理去做，只能滋长华而不实的作风，这种人很难有什么出息。

典故

纸上谈兵

"纸上谈兵"指在纸面上谈论打仗，比喻空谈理论，不能解决实际问题，也比喻空谈不能成为现实。该成语出自《史记·廉颇蔺相如列传》。

赵括是战国时期大将赵奢的儿子，从小熟读兵法，讲起战术来十分在行，赵奢对此却不以为意。这一年，秦国攻打赵国，赵国派大将廉颇前去抵挡。廉颇很有经验，他根据敌强我弱的形势，采取坚守不出、保存实力的策略，有效地阻止了秦国的进攻，秦国见廉颇难对付，就采取反间计，派人散布谣言，挑拨赵王和廉颇的关系。赵王中计，派只会空谈兵法的赵括代替廉颇出战。赵括没有分析敌情，就轻率地改变了廉颇的战略，在秦军的引诱下出兵迎战，结果使四十万大军全军覆没。

（二）原文

但力行　不学文　任己见　昧理真

释义

只懂得卖力去做，不学习书中的道理，靠短浅的见识，永远不会明白真正的道理。

典故

吴下阿蒙

吕蒙是三国时吴国的大将，深受孙权重用。但吕蒙原来没念过什么书，常被看作一个武夫。孙权对吕蒙说："你现在掌握了大权，负责处理国家大事，不能不学习啊！经常看书，多增加点知识，会大有好处的。"吕蒙听了孙权的劝告，开始读书学习。当初，大都督鲁肃有点看不起吕蒙，认为他没有文化。一次，鲁肃接替周瑜掌管吴国军队，途中路过吕蒙的驻地。在酒席上，吕蒙问鲁肃说："您现在担负重任，打算用什么方法应对关羽一方的突袭呢？"鲁肃以为吕蒙有勇无谋，便轻慢地说："临时想办法就行。"

吕蒙劝他："您现在担任统帅，才识不如周瑜，又与关羽为邻，处境艰难啊！关羽这个人虽然年岁已老，却好学不倦，读《左传》朗朗上口，又有英雄之气，不过为人自负。您既然和他对战，就应当提早做好打算啊！"于是他就为鲁肃提出了应对的方案。鲁肃听后，非常佩服和感激，马上坐到吕蒙旁边，亲切地说："吕蒙，三日未见，我不知道你的才能策略竟然到了如此的境地！你现在才学出众，确实不是当年的吴下阿蒙啦！"吕蒙不仅能够勤奋地学习文化知识，还能够身体力行，终于成为一代名将，这也就是典故"士别三日，当刮目相看"的由来。

三　激励你一生的座右铭：文质彬彬

子曰："质胜文则野，文胜质则史，文质彬彬，然后君子。"该句出自《论语·雍也》，意思是质朴胜过了文饰就会粗野，文饰胜过了质朴就会虚浮，质朴和文饰比例恰当，然后才可以成为君子。

"质"即质地，此指思想品质。"文"指华美，有文采，此指形式。"野"即野人，指鄙俗。"史"指在官府掌管文书的人，此指浮华虚夸。"彬彬"形容不同种类的物质参杂搭配适当。"文质彬彬"形容人既文雅又朴实，指出文采与朴实兼有是君子的基本素质。

四　延伸学习:《道德经》第四十九章　善者吾善

原文

圣人常无心，以百姓心为心。善者吾善之，不善者吾亦善之，德（得）善。信者吾信之，不信者吾亦信之，德（得）信。圣人在天下，歙歙焉；为天下浑其心，百姓皆注其耳目，圣人皆孩之。

释义

圣人（老子理想中的执政者）常常是没有私心的，对世间万物没有主观和成见，把百姓的意志当作自己的意志。善良的人，我以善良对待他；不善良的人，我也以善良对待他。这样天下人的品德都善良了。诚信的人，我以诚信对待他；不诚信的人，我也以诚信对待他，这样天下人的品德都诚信了。圣人立于天下，要收敛谨慎啊。让天下人的心灵都变得混沌、淳朴，百姓都专注于自己的耳目聪明。有道的人让他们都变得像孩童一样，回到婴孩般纯真质朴的状态。

解读

文中所讲的"圣人"，是老子理想中的执政者。"常无心"指长久保持无私心；"歙"意为吸气，此处指收敛、意欲；"浑其心"指使人心思化归于淳朴;"百姓皆注其耳目"即百姓都使用其智谋,生出许多事端。老子认为,理想的执政者没有私心,以百姓之心为心,从而使人人守信、向善。这是每一个人在社会上的立身之本。善者吾善,表达老子的政治思想,怀圣人之心、做平常之事。

"圣人"生于天下,他能够恰当地收敛自己的心欲,兢兢业业地不敢放纵自己,不敢与民争利,不敢以自己主观意志而妄为。他治理国家往往表现出混沌质朴的特征,对于注目而视、倾耳而听,用聪明才智甚至机心巧诈的老百姓,圣人要他们都回归到婴儿般无知无欲的纯真状态。老子把以"道"治天下的希望寄托给一个理想的"圣人",善者吾善——诚信、善良、无私欲。

第二节　余力学文之二：修德忘名　读书深心

一 《菜根谭》经典名句

原文

学者要收拾精神,并归一路。如修德而留意于事功名誉,必无实诣;读书而寄兴于吟咏风雅,定不深心。

释义

做学问就要集中精神,一心一意致力于研究。如果在修养道德的时候仍不忘记成败与名誉,必定不会有真正的造诣;如果读书的时候只喜欢附庸风雅、吟咏诗文,必定难以深入内心并有所收获。

解析

收拾精神,并归一路,有两层含义。第一层:集中精神,心无旁骛;第二层：精益求精，不浅尝辄止。综观世间学有专长的人，都是对某一领域有所偏好，并专注于心、穷根问底，终于拨得云开见月明，学有所成。人一旦进入专注状态，整个大脑就围绕一个兴奋点活动，一切干扰统统不排自除，除了自己醉心的事业，一切皆忘。

例如：有一只兔子，身材修长，天生就会"跳跃"，所以它一直对"跳远第一名"的荣誉感到无比自豪和光荣。后来，"企图心和欲望"使兔子又关注跑百米、游泳、举重、跳高、推铅球、马拉松等，到头来，一样都没有做好。其实，兔子"跳远第一名"，就是专注在跳远领域的"顶尖成就"，何必贪心于什么都要拿第一名呢？

二 《弟子规》余力学文之二

（一）原文
读书法　有三到　心眼口　信皆要

释义
读书的方法，讲究三到：心到，用心地想；眼到，仔细地看；口到，专心地读。这三条都是很重要的。

┃ 典 故

王瞻读书

王瞻是南北朝时期的著名学者，自幼喜欢读书。他干什么都很认真，读书的时候专心致志，即使有再大的干扰也不分心。有一天，王瞻和同学们正在学堂里读书，忽然外面传来一阵锣鼓声，十分热闹。原来附近一户有钱人家正举行婚礼，许多同学都坐不住了，纷纷去看热闹。不一会儿，同学们都跑光了，只有王瞻坐在自己的位子上，一动不动，继续阅读文章。老师见王瞻这个六七岁的幼童竟有这样大的自制力，十分佩服。后来王瞻终于成为一位著名的学者。

（二）原文

方读此　勿慕彼　此未终　彼勿起

释义

正在读着这本书，不要想着又去读那本书；这本书还没有读完，另一本书就不要拿出来，读书要用心。

典故- -

赵普夜读

赵普是北宋的开国宰相，一生喜爱读书。有天晚上，宋太祖赵匡胤前去看他，一进门，见赵普正在挑灯夜读，赵匡胤见他读的是《论语》，十分奇怪，就问他："《论语》是儿童们读的书，你怎么还在读呀？"赵普说："齐家、治国、平天下的道理全在这本书中。我只用半部《论语》为你打天下，现在，还要用半部《论语》为你治天下，就能使天下太平。"后来，赵普死后，用一部《论语》为自己陪葬。赵普读了一辈子《论语》，对《论语》进行了专门的研究和实践，成为他治国、平天下的资本。

三　延伸阅读：九位名人读书法

之一：朱熹"二十四字"法

宋朝的著名学者朱熹是一个学识渊博的人。他遍注典籍，对经学、史学、文学、乐律及自然科学，均有研究。他在读书方法上，总结归纳了"二十四字"阅读法，该法是由"循序渐进、熟读精思、虚心涵泳、切己体察、著紧用力、居敬持志"二十四个字组成。

除此之外，朱熹还说："学者观书，病在只要向前，不肯退步，看愈抽前愈看得不分晓，不若退步，却看得审。"就是说，读书要扎扎实实，由浅入深，循序渐进，有时还要频频回顾，以暂时的退步求得扎实的学问。

之二：苏轼"八面受敌"法

宋朝著名文学家苏轼在他的《又答王庠书》中就侄女婿王庠"问学"，介绍了他自己首创并实践的一种读书方法。苏轼在信中说："少年为学者，每一书皆作数过尽之。书富如入海，百货皆有，人之精力，不能兼收尽取，但得其所欲求者尔。故愿学者每次作一意求之。"

年轻人读书，每一本好书都读它几遍。好书内容丰富，就像知识的海洋，读书时人的意识指向一个方面，就像打开了一扇窗口，不能使各个方面的知识进入视野，读一遍书只是获取了意识指向的那个方面的信息而已。所以希望读者每读一遍时都只带着一个目标去读。

之三：顾炎武"三读"读书法

明末清初学者顾炎武很会读书，也很讲究读书方法。他的"三读"读书法即"复读法""抄读法""游读法"。他给自己规定，每年春秋两季分别复习冬夏两季所读的书，即半年读书，半年复习，把阅读和复习交叉进行，有效地增强了记忆力。

在每次复习时，他面前放一本书，请别人也朗读同样一本书，他边听边默记。如果发现自己默记的同朗读的有出入，便马上查书，立即纠正，再复读几遍。顾炎武读书总是要动手抄录的，这种学习时既动口，又动手、动脑的学习方法，大大地提高了读书效率。

之四：贾平凹"触一通三"法

贾平凹认为，书之为友不能一日不交；书是财富，要逼着自己静心地读书。他将自己的读书方法总结为"触一通三"法。他认为读书面不可狭窄，文学书要读，政治书要读，哲学、历史、美学、天文、地理、医药、建筑、美术、乐理、武术、绘画、舞蹈……凡是能找到的书，都要读。若读书面窄，借鉴就不多，思路就不广，触一而不能通三。他甚至主张连植树造林、做饭炒菜方面的知识都要略知一二才好。

之五：老舍"印象"法

老舍说："我读书似乎只要求一点灵感。'印象甚佳'便是好书，我没功夫去细细分析它……'印象甚佳'有时候并不是全书的，而是书中的一段的最入我的味；因为这一段使我对全书有了好感；其实这一段的美或者正足以破坏了全体的美，但是我不管；有一段叫我喜欢两天的，我就感谢不尽。"

之六：鲁迅"跳读"法

鲁迅先生认为："若是碰到疑问而只看那个地方，那么无论到多久都不懂的，所以，跳过去，再向前进，于是连以前的地方都明白了。"这种方法是对陶渊明的"不求甚解"读书方法的进一步发挥。它的好处是可以由此节省时间，提高阅读速度，把精力放在原著的整体理解和最重要的内容上。

之七：巴金忆书法

巴金先生的读书方法十分奇特，因为他是在没有书本的情况下进行的。巴金说："我第二次住院治疗，每天午睡不到一小时，就下床坐在小沙发上，等候护士同志两点钟来量体温。我坐着，一动也不动，但并没有打瞌睡。我的脑子不肯休息。它在回忆我过去读过的一些书，一些作品，好像它想在我的记忆力完全衰退之前，保留下一点美好的东西。"这种方法的好处是温故知新，能够不断地从已读过的书中汲取精神力量。

之八：苏步青主张多读、精读

著名数学家苏步青读书时，第一遍一般先读个大概，第二遍、第三遍逐步加深理解。他就是这样来读《红楼梦》《西游记》《三国演义》的。他最喜欢《聊斋》，不知反复读了多少遍。起初，有些地方不懂，又无处查，他就读下去再说，以后再读就逐步加深理解。苏步青读数学书也是这样的，他总是边读边想，边做习题，到读最后一遍，题目全部做完。他认为，读书不必太多，要读得精，要读到你知道这本书的优点、缺点和错误了，这才算读好、读精了。

之九：列宁批注阅读法

列宁酷爱读书，他读书时很喜欢在书页的空白处随手写下内容丰富的评论、注释和心得体会。有时还在书的封面上标出最值得注意的观点或材料。

一旦读到具有较高学术价值的著作，列宁还会在书的扉页上或封面上写下书目索引，特别注明书中的好见解、好素材及具有代表性的错误论断的所在页码。每当读到精辟处，他就批上"非常重要""机智灵活""妙不可言"等，读到谬误处，就批上"废话""莫名其妙"等。列宁的重要著作《哲学笔记》就是在读哲学书籍时写的批注和笔记汇编而成的，它被公认为马克思主义哲学的经典著作之一。

第三节　余力学文之三：触类旁通　乃真学问

一　《菜根谭》经典名句

原文

人解读有字书，不解读无字书；知弹有弦琴，不知弹无弦琴。以迹用，不以神用，何以得琴书之趣？

释义

一般人只会懂用文字写成的书，却无法懂得宇宙这本无字的书；只知道弹奏有弦的琴，却不知道弹奏大自然这架无弦之琴。一味执着事物的形体，却不能领悟其神韵，这样怎么能懂得弹琴和读书的真正妙趣呢？

解析

一百多年前，英国有一名很出色的外科医生李斯特创立了消毒外科学。

李斯特是一个很出色的外科医生，虽然他的外科技术很高超，但也无法防止病人手术后的感染。有一次，李斯特看到法国出版的一本生物学杂志，里面有一篇法国科学家巴斯德探讨生命起源的论文。巴斯德通过大量实验证明有机物的腐败和发酵，是微生物进入的结果。李斯特想：病人的伤口感染化脓，不也是一种有机物的腐败现象吗？正是那些我们肉眼看不见的微生物进入了外科手术的创面，进而繁殖和侵害人的躯体，才导致了人体的感染，甚至失去生命，自然也影响着外科手术的成功。根据这种思想，李斯特在手术之前严格地洗手，将手术器械彻底煮沸，用煮沸过的纱布包扎伤口，以防止空气中的微生物感染伤口。后来他又寻找到一种杀灭细菌的药剂。采用了这些措施以后的手术，死亡率大大降低。就这样，李斯特从一篇表面上看来似乎毫不相关的文章中受到启发，从而创立了消毒外科学。

做学问重在心领神会，世事洞明皆学问。善于读书的人，不会将求取学问的眼光局限于书本，对于生活中的各种事物，甚至花草树木、山石道路，都能从中发现知识，发现人生真谛。

二 《弟子规》余力学文之三

（一）原文

宽为限　紧用功　工夫到　滞塞通

释义

学习的时间要安排得多一点，但是还要抓紧用功；只要功夫到了，不懂的地方自然会弄清楚。

典故

王冕学画

王冕是元朝著名的画家和诗人。王冕小时候家里很穷，为了生活，他只好给人家放牛维持生计。有一天傍晚，王冕正在湖边放牛，这时雨过天晴，美丽的湖光山色深深地吸引了他。他想，要是能把这美丽景色画下来多好啊！于是他就在湖边用草棍在沙地上画了起来。以后，王冕一有空闲就作画，一张不成再画一张。后来，王冕有了积蓄，就买了画笔、颜料，带在身边，一边放牛一边学画，经过不懈地努力，他终于成为著名画家。

（二）**原文**

心有疑　随札记　就人问　求确义

释义

学习时心里有疑问，应随时记下来，有机会就找人请教，要确确实实地理解清楚。

典 故

贾逵善于请教

贾逵是东汉时期的经学家、天文学家。他自小便聪明伶俐，喜欢读书。他父亲早逝，母亲既要操持家务，又要为别人缝补浆洗来维持一家的生活，没有时间照料他。幸运的是，贾逵有一个贤惠的姐姐，经常给他讲古人勤奋好学的故事。那时贾逵才四岁，他总是安安静静、津津有味地听姐姐讲故事，听完一个故事，又缠着姐姐再讲一个。可是，姐姐哪有那么多的故事给他讲呢？

有一天，姐姐正带着贾逵玩耍，忽然听到对面学堂里老先生正在给学生们讲课，讲的正好是上次没给弟弟讲完的那个故事。姐姐灵机一动，带着贾逵悄悄来到学堂旁边，听老先生讲故事。学堂外边有道篱笆墙，贾逵个子小，姐姐就抱着他，站在篱笆墙外听。以后，每到上课时间，姐姐就抱着贾逵站在篱笆墙外，悄悄地听老先生讲课。

慢慢地，贾逵长大了，姐姐抱不动他了，贾逵就站在板凳上面听，姐姐心疼他，几次要拉他回家休息一下，他却说什么也不肯，不管刮风下雨，从不间断。夏天，烈日炎炎，他顶着酷暑听讲，热得汗水直流；冬天，大雪纷飞，他冒着严寒学习，冻得手脚麻木，坚持把课听完才肯罢休。

由于家里太穷，贾逵买不起纸和笔。读书时，每当遇到好的文章和不懂的文句时，贾逵从不一扫而过，而是借来笔墨，将这些内容记在门扇、屏风和自己制作的竹简、木片上，然后找机会向人请教。就这样一边读，一边记，他将"四书""五经"等达到了能够熟练背诵的程度。随着不断地学习，他的学识越来越渊博，同他接触过的人都说他是奇才，无人能同他相比。

"贾逵善于请教"的故事，让人联想到《大学》章句："至于用力之久，而一旦豁然贯通焉，则众物之表里精粗，无不到，而吾心之全体大用无不明矣。"阐述的是用功学习时间长了，一旦通达就一切明朗（彻底明白）了，那么事物的外表、内里、精粗，我全知道，而我心中全部的事情将没有不明白的。这句说的就是格物，也就是知道事物的本质及所有。

三 延伸学习：《道德经》第七十六章 柔弱处上

原文

人之生也柔弱，其死也坚强。草木之生也柔脆，其死也枯槁。故坚强者死之徒，柔弱者生之徒。是以兵强则灭，木强则折。强大处下，柔弱处上。

释义

人活着的时候身体是柔软的，死了以后身体就变得僵硬。草木生长时是柔软脆弱的，死了以后就变得干硬枯槁了。所以坚强的东西属于死亡的一类，柔弱的东西属于生长的一类。因此，用兵逞强就会遭到灭亡，树木强大了就会遭到砍伐摧折。凡是强大的，总是处于下位；凡是柔弱的，反而居于上位。

"柔弱"指人活着的时候身体是柔软的；"坚强"指人死了以后身体就变成僵硬的了；"柔脆"指草木形质的柔软脆弱；"枯槁"用以形容草木的干枯；"死之徒"中"徒"即类，属于死亡的一类；"生之徒"属于生存的一类。

这一章以生活中常见的现象，反复说明这样一种观点：柔弱胜刚强。老子向来主张贵柔、处弱，这种直观的、经验的认识，可以说是老子贵柔、处弱思想的认识论之根源。老子认为，人生在世，不可逞强斗胜，而应柔顺谦虚，有良好的处世修养。这是老子辩证法思想的体现，这种思想来源于对自然和社会现象的观察和总结。老子以自然和社会现象形象地向人们提出奉告，希望人们不要处处显露突出，不要时时争强好胜。

一个人的弹性常常与年龄、修养和悟性有密切关系。年轻气盛、血气方刚者，看似坚硬、锐气，实际上却最脆弱，一折就断，一断便不可收拾。人在年轻时，总以为强者才是值得骄傲的，因此总爱在一些微不足道的小事上争强好胜，但由于缺乏弹性，便禁不起输，又容不下相反的声音，于是，动辄以武力解决，结果往往是变成一具僵硬的死尸，永远地失去了柔软，失去了生命。真正的强者绝不追求外在的过人，而是修炼自己内在的能力，增加自己的包容力，调整自己的忍耐力，然后从中融汇出一股极富弹性的修养及人生态度。

弹性的另一种解释是承受压力的能力。人生在世，不如意事十之八九，尤其在如今这个竞争激烈的社会中，因此如何变压力为动力，如何使压力不伤及自己正常的生活，如何保持开朗健康的心态，这些是需要用弹性来化解的。学会弹性人生。弹性是一种"无限"的力量，也是一种承受力，转一个弯，退一步，忍一时，多为别人想一想，都是开发弹性的捷径。当一个人试过一次之后，便会发现，人生在世，弹性确实是一个妙方，可以用来面对和解决很多问题。

第四节　余力学文之四：一心一用　全神贯注

一　《菜根谭》经典名句

原文

善读书者，要读到手舞足蹈处，方不落筌蹄；善观物者，要观到心融神洽时，方不泥迹象。

释义

善于读书的人，要读到心领神会而忘形得手舞足蹈时，才不会掉入文字的陷阱；善于观察事物的人，要观察到全神贯注并与事物融为一体时，才能不拘泥于表面现象而了解事物的本质。

解析

"手舞足蹈"比喻领会书中乐趣、精髓。筌蹄即"局限窠臼"，筌是捕鱼的竹器，蹄是捉兔子的器具。"心融神洽"，指人的精神与物体融合为一体，心领神会，达到忘我的境界。一心一用、全神贯注，高超技巧的诀窍是专注。

孔子和学生外出采风时遇到了一位捕蝉翁，他精妙的捕蝉技巧让人赞叹。老翁向孔子和他的学生讲述了高超技巧的诀窍：捕蝉首先要先练站功和臂力，捕蝉时身体定在那里，要像竖立的树桩纹丝不动；竹竿从胳膊上伸出去，要像控制树枝一样不颤抖；另外，注意力高度集中，无论天大地广，万物繁多，在我心里只有蝉的翅膀，神情专一。精神到了这番境界，捕起蝉来，还能不到手擒来，得心应手吗？练捕蝉五六个月后，在杆上垒放两粒粘丸而不掉下，蝉便很少逃脱；如果垒三粒粘丸仍不落地，蝉十有八九会捕住；如能将五粒粘丸垒在竹竿上，捕蝉就会像在地上拾东西一样简单容易了。摒弃浮躁心态，心无旁骛，精诚所至，金石为开，才能又快又好地达到目标。

二 《弟子规》余力学文之四

(一) 原文

房室清　墙壁净　几案洁　笔砚正

释义

读书的房间要安静，墙壁要干净，书桌要整洁，文具要放端正，这才像个读书的样子。

典 故

陈蕃扫屋

陈蕃是东汉时期的著名学者，但他小的时候却很懒散，不爱打扫屋子，东西乱放。有一天，陈蕃父亲的一位朋友前来拜访，看到他家屋子十分凌乱，就说："孩子，为什么不把屋子收拾干净来招待宾客？"陈蕃反而说："我的手主要是用来扫天下的。"父亲的朋友反问："连一间房子都不扫，怎么能够扫天下呢？"陈蕃一听，脸红了，马上就打扫房屋，招待客人。

(二) 原文

墨磨偏　心不端　字不敬　心先病

释义

如果内心不端正，磨墨就容易磨偏；如果内心有杂念，字就不容易写端正。因此学习要专心致志。

典故一

王献之学书

王献之是东晋书法家王羲之的儿子，为了继承家学，他向父亲王羲之学习书法。学了一段时间后，他觉得差不多了，就写了一篇字，拿去给父亲看。王羲之看后，什么话也没说，在他所写字中的一个"大"字下点了一个点。

王献之不明白这是怎么回事，就拿去让自己的母亲看。王献之的母亲也是书法名家，看了王献之所写的字后，指着王羲之写在上面的那一点，对他说："这一点写得不错。"王献之听了，才知道自己和父亲的书法还相差很远，从此一心练字，后来也成了书法名家。

典故二

心正则笔正

唐朝有位著名书法家叫柳公权，从小就显示出在书法方面的过人天赋，他写的字远近闻名。有一天，柳公权和几个小伙伴举行"书会"。这时，一个卖豆腐的老人看到他写的几个字"会写飞凤家，敢在人前夸"，觉得这孩子太骄傲了，便皱皱眉头，说："这字写得并不好，好像我的豆腐一样，没筋没骨，还值得在人前夸吗？"小公权一听，很不高兴地说："有本事，你写几个字让我看看。"老人爽朗地笑了笑，说："不敢，不敢，我是一个粗人，写不好字。可是，有人用脚都写得比你好得多呢！不信，你到华京城看看去吧。"

第二天，小公权起了个五更，独自去了华京城。一进华京城，就看见一棵大槐树下围了许多人。他挤进人群，只见一个没有双臂的黑瘦老头赤着双脚，坐在地上，左脚压纸，右脚夹笔，正在挥洒自如地写对联，笔下的字迹似群马奔腾、龙飞凤舞，博得围观的人们阵阵喝彩。小公权"扑通"一声跪在老人面前，说："我愿意拜您为师，请您告诉我写字的秘诀……"老人慌忙用脚拉起小公权说："我是个孤苦的人，生来没手，只得靠脚来混生活，怎么能为人师表呢？"小公权苦苦哀求，老人才在地上铺了一张纸，用右脚写了几个字："写尽八缸水，砚染涝池黑；博取百家长，始得龙凤飞。"

柳公权把老人的话牢记在心，从此发奋练字。手上磨起了厚厚的茧子，衣肘补了一层又一层。经过苦练，柳公权终于成为一代书法大家。柳公权从小便接受《柳氏家训》中关于"德行"的教导，终生重视自身德行品格的修养。他不仅字写得好，做人也和他的字一样，铁骨铮铮、正直不阿，写的字也苍劲有力，从字中能够感受到一股浩然正气。据说，有一次柳公权在写字，穆宗皇帝边看边连连赞叹，惊诧地问："你的字怎么写得这么好？能告诉我书法的秘诀吗？"柳公权毫不犹豫地回答："用笔的诀窍在于用心，心如果正，那么用笔自然就正，写出的字就会端正！"

这就是我们熟知的"心正笔正""字如其人"的由来。当时唐穆宗对朝政大事并不重视，听到这番话后，他就明白柳公权这是在借用笔写字来劝谏自己，于是就端正了自己的仪容与言行举止。后来，人们将柳公权这种以书法劝说国君的行为称为"笔谏"。

"心正则笔正"的故事，告诉我们无论做任何事情都需要一心一意，勤学苦练，才能成功。"墨磨偏，心不端，字不敬，心先病"，一个人的字，能反映出他内在的智慧。假如字写得歪七扭八，看半天也看不清楚，这个人可能心很乱；假如字写得大方工整，由此也可推知他思路清晰、辨别能力强。

三　激励你一生的座右铭：志于道，据于德，依于仁，游于艺

子曰："志于道，据于德，依于仁，游于艺。"该句出自《论语·述而》。孔子说："志向在于道，根据在于德，凭借在于仁，活动在于六艺（礼、乐、射、御、书、数），只有这样才能真正地做人。"这句话是指一个人的学习与修养，应当有一定的志向，有正确的目标与恰当的措施、方法。孔子在这里提出了以六艺为手段，以仁、德为纲领，追求人生之道的学习模式，从而最终成就完善的人生。

"志于道"，就是形而上道，立志要高远，要有一个境界。这个"道"包括了天道与人道。教人们立志，这是最基本的，也是最高的目的。

"据于德"，就是以德为根据，这是为人处世的行为。孔子告诉人们，思想是志于道，行为是依据德行。

"依于仁"，是依傍于仁，也就是说道与德如何发挥，在于对人、对物有没有爱心。有了这个爱心，爱人、爱物、爱社会、爱国家、爱世界，扩而充

之爱全天下。

"游于艺"，这里的"游"是游泳的"游"，而不是游戏的"游"。六艺，即丰富的知识和做事的本领。古代六艺指礼、乐、射、御、书、数，类比现在的素质教育，包括道德教育、科技文化教育、技能培训。六艺中"礼"为礼节（德育），道德规范；"乐"为音乐、诗歌、舞蹈等；"射"为射箭技术，体育课；"御"为驾驭马车的技术，驾驶技术；"书"为书法（书写、识字、文字），自然博物常识；"数"为算法、数学（算学、历法、数术）。"游于艺"，就是以理想为基础，不断学习，提高业务能力，游刃有余。

我们每一个人，最重要的是立志于道，慎执操守，仁厚为人，心无旁骛，游于各种技艺之中。这是一种标准，一种修养，一种追求。知识，教会你怎样做事；文化，教会你怎样做人。以塑造人的精神家园为使命的孔子，强调"道德仁艺"是精神家园的重要支柱。

你的态度，决定了你一生所能达到的高度；

你的方法，决定了你一生所能创造的速度；

你的行动，决定了你一生所能产生的成果；

你的境界，决定了你一生所能置于的广度。

（四）延伸学习：上大学时一定要做的9件事

大学要做的事情很多，个人根据自己的情况合理计划，做自己喜欢的事情，做自己必须做的事情。这些都将属于你自己的财富、你的回忆，希望你在未来没有太多遗憾。世界是一本书，不旅行的人，只读了其中一页。过来人的经验既是他山之石，也可能是束缚枷锁，但愿我们能不忘初心，方得始终。《人民日报》曾指出大学里不得不做的9件事。

之一，多交朋友，和你所有同学保持好关系和联系，这是你一生的财富；

之二，参加一个社团，锻炼自己的社交和组织能力；

之三，在这个价值观迷失的年代，找到自己的人生信仰；

之四，积极参加大学的集体活动，如舞会、郊游等；

之五，有缘分的话，也不要忘记谈场完整的恋爱；

之六，要培养一种知识分子的气质，要有比较高的修养、风度；

之七，掌握一定的专业知识，不一定要很厉害，但一定不能太差；

之八，培养一项课余爱好，比如打篮球、踢足球、跳舞等；

之九，大学期间可以去旅行一次，让心灵和自己一起去流浪。

第五节　余力学文之五：书中修身　谦逊知礼

一　《菜根谭》经典名句

原文

读易晓窗，丹砂研松间之露；谈经午案，宝馨宣竹下之风。

释义

早晨在窗下诵读《易经》，用松树上的露珠来研磨朱砂、批阅评点；中午在书桌旁谈论经书，只听见木鱼声和着竹林间的清风传向远方。

解析

读一本好书，可以增长见识，陶冶性情。很多人抱怨自己想看书却没有时间，其实无须考虑太久远，只要在朝夕之间去争取时间就好。读书的境界在于心甘情愿接受。让读书变成生活中的一种习惯，每天读一点，就会积淀出博大的学识与修养。读书，可以让人体悟人生，读懂历史，明了世界。

胡适先生说，人与人的区别在于工作8小时之外的时间如何运用。有时间的人不能成功，挤时间的人才能成功。8小时之内决定现在，8小时之外决定未来。什么样的想法就有什么样的生活。

17世纪英国科学家培根说，读史使人明智，读诗使人灵秀，数学使人周密，科学使人深刻，伦理学使人庄重，逻辑修辞学使人善辩。凡有所学，皆成性格。

著名美学家山东大学教授曾繁仁说，书是有生命的，特别是经典，其中凝聚着生命的能量，我们在阅读的过程中都能感受到书的温度，听到书的脉搏，吸收书所提供给我们的生命活力。我们的生活是美好的，其中就包括着我们可以与有生命力的书相伴，与这样的书对话，与之交友。

三毛说，读书多了，容颜自然改变。许多时候，自己可能以为许多看过的书籍都成过眼烟云，不复记忆，其实它们仍是潜在的，在气质里、在谈吐中、在胸襟上的无涯，当然也可能显露在生活和文字中。

二 《弟子规》余力学文之五

（一）原文

列典籍　有定处　读看毕　还原处

释义

重要的书籍，要放在固定的地方，这样便于查找；书看完后，应放回原处。

典　故

鲁迅爱书的故事

幼年时期的鲁迅，看书以前，总是要先把手洗干净，然后才捧书阅读，以免把书弄脏，造成坏损。成年以后，鲁迅一直把读书、买书、借书、抄书、修书，作为自己一种极大的乐趣和事业。对稀有的好书，他就亲自动手翻印，装订成册。在鲁迅博物馆里，陈列着一盒修书的工具，那是一些简单的划线仪器，几根钢针、一团丝线、几块砂纸，以及两块磨书用的石头。鲁迅就是用这些极其平常的东西，使得他珍藏的一万多册图书历久常新，没有一册出现污损、破散的情况。

物有定位，移物归原。我们对于书籍应该分类，排放整齐，都要放在固定的位置，读诵完毕要放回原处，下次要看很快就可以找到，养成物有定位、移物归原的良好习惯。

（二）原文

虽有急　卷束齐　有缺坏　就补之

释义

读书人要爱惜书，即使遇到急事，也要把书捆扎整齐，发现书本有缺损，要立刻把它补好。

典　故 -

韦编三绝

"韦编三绝"出自《史记·孔子世家》："读易，韦编三绝。"孔子是我国著名的大思想家，少年时就勤奋好学，十七岁时就因为知识渊博而闻名于鲁国。当时还没有发明纸，书都是用竹简做成，再用牛皮绳串起来的。据说孔子到了晚年，喜欢阅读《易经》。《易经》是一本很难懂的书，孔子一遍看不懂，就看两遍，反复学习，一直到学懂、弄通为止。因为每天翻阅，穿竹简的牛皮绳磨断多次，每磨断一次，孔子就再整理一次，一直保存完好。

这一方面反映孔子很刻苦，另一方面可以看到孔子在读书的过程中是十分爱护图书的。就这样，孔子熟读《易经》，写出了十篇体会文章，即《十翼》。后来，人们把孔子写的《十翼》附在《易经》的后面，作为《易经》的补充。

读书的人要爱惜书本，对书也要尊重。虽然有急事要去办，但也要把书本收拾好，放回原处再离开。见到有残缺损坏的地方，要马上把它修补好，保持完整。养成这种好习惯，这是对书的恭敬与爱护。

三　延伸学习：《道德经》第八十一章　善者不辩

原文

信言不美，美言不信。善者不辩，辩者不善。知者不博，博者不知。圣人不积，既以为人己愈有，既以与人己愈多。天之道，利而不害。圣人之道，为而不争。

释义

真实可信的话不加修饰，加以修饰的话不可信。善良的人不爱夸耀，爱夸耀的人不善良。真正有学问的人不卖弄广博，卖弄自己懂得多的人不是真有学问。圣人是不存占有之心的，而是尽力照顾别人，他自己也更为充足；他尽力给予别人，自己反而更丰富。自然的规律是让万事万物都得到好处，而不伤害它们。圣人的行为准则是，做什么事都不跟别人争夺。

信言：真实可信的话。

善者：言语行为善良的人。

辩：巧辩、能说会道。

博：广博、渊博。

圣人不积：有道的人不自私，没有占有的欲望。

既以为人己愈有：把自己的一切用来帮助别人，自己反而更充实。

多：与"少"相对，此处意为"丰富"。

利而不害：使在万物得到好处而不伤害万物。

圣人之道：圣人的行为准则。

导读

本章一开始提出了三对范畴：信与美、善与辩、知与博，这实际上是真假、美丑、善恶的问题。老子试图说明某些事物的表面现象和其实质往往并不一致。按照这三条原则，以"信言""善行""真知"来要求自己，做到真、善、美在自身的和谐。按照老子的思想，就是重归于"朴"，回到没有受到伪诈、智巧、争斗等世俗的污染之本性。"天之道，利而不害，圣人之道，为而不争"这是全章的总结，也是整部《道德经》的总结，老子以一句极富鼓动性的话结束了五千言。

苍茫的天地之间，人类就如同浩瀚大海里的游鱼，成群结队，大小不一。我们要参与竞争，要被强大的对手吞噬，我们要成长、衰老、消亡，我们都喜欢生而讨厌死，因为生是幸福的，抬头看天上的星星，低头看草叶上的露珠，这一切都是那么让人欣喜和感动。天地给予我们的绝非仅仅这些，这些美丽的事物是天地给予我们的礼物，它无私地给予着，让我们人类尽情地享受着它带给我们的美好，它不要求回报，更不用说去伤害我们了。圣人也是如此，他只是默默地奉献而不要求我们的回报，他和万物没有纷争、没有打斗，只有奉献，没有索取，更没有欲望和妄为。这是多么幽远、高深的境界，但他看起来又是这般的普通。

本章是《道德经》的最后一章，应该是全书正式的结束语。本章采用了格言警句的形式，前三句讲人生的主旨，后两句讲治世的要义。本章的格言，可以作为人类行为的最高准则，例如信实、讷言、专精、利民而不争。人生的最高境界是真、善、美的结合，而以真为核心。本章含有朴素的辩证法思想，是评判人类行为的道德标准。

第六节　余力学文之六：谦虚为学　实在为人

一　《菜根谭》经典名句

原文

心不可不虚，虚则义理来居；心不可不实，实则物欲不入。

释义

　　人一定要有虚怀若谷的胸襟，只有谦虚谨慎才能获得真知灼见；人一定要坚强执着、意志坚定，那样才能不受名利的诱惑。

解析

　　生命玄机，往往虚实相生。做学问要虚怀，才能让知识义理无限地充盈自我。做人要实在，才能无所欲求，演绎生命的绚烂。从某种程度上来说，虚怀也是一种踏实，踏实也可以表现为虚怀。虚实结合往往让一些成功之士表面上看似愚笨守拙，实则心体光明、胸怀大略，正所谓大巧若拙、大智若愚。一个人虚心学习，踏实做人，并在学习的过程中不为世间俗物左右，看似愚钝实则蕴含着韬光养晦、卧薪尝胆的智慧和精神，这样的人往往不鸣则已，一鸣便可惊人。

二 《弟子规》余力学文之六

（一）**原文**

　　非圣书　屏勿视　蔽聪明　坏心志

释义

　　不是高雅有益的书，就不要去看，要不就会埋没自己的才智，更会损害自己的思想和志向。

典　故

康熙皇帝教子读书

　　康熙皇帝在对他后代子孙的庭训中规定，二十岁之前，不要给子孙读小说，小说很多是杜撰的，有污染心志的一面，从小就应该要禁止。康熙说："小说很容易染习到权谋智巧，尤其他们涉世未深，不懂得明辨是非之下，这么小就让他看这些人心态上恶的一面，将不利于树立正确的人生观。"同时，康熙皇帝也自我勉励，因为很多人不敢跟他讲实话，他如何来警醒自己，到底有没有犯过失？康熙唯一每天都一定要做的事情，就是读古书，读圣贤的经典来检查每日自身的所作所为，是不是哪里有过失、哪里有缺失，按照圣贤的经典来检查自己。康熙曾对诸官说："朕经常想到祖先托付的重任。对皇子的教育及早抓起，不敢忽视怠慢。天未亮即起来，亲自检查督促课业，东宫太子及诸皇子，排列次序上殿，一一背诵经书，至于日偏西时，还令其习字、习射，复讲至于深夜。自春开始，直到岁末，没有旷日。"

康熙帝8岁登基，14岁亲政，在位61年，是中国历史上在位时间最长的皇帝。他非常提倡儒学。在皇宫里，他每天请儒学的老师讲"四书"，可见其对自己的要求有多么严格。好的书籍我们要多读，一再地读，有道是"读书千遍，其义自见"。

好的书可以让我们受益良多，不好的书也会污染我们的心志。所以不必要的信息要尽量摒弃，专心于自己应做之事，才能心情宁静、头脑清醒。因此，我们要"好读书、读好书、读书好"。孔子说的"非礼勿视，非礼勿听，非礼勿言，非礼勿动"是非常有道理的。

（二）**原文**

勿自暴 勿自弃 圣与贤 可驯致

释义

不讲道理叫作"自暴"，胡作非为叫作"自弃"，做人绝不可以这样。不自暴自弃，通过努力成为一个品德高尚的人是可以逐渐做到的。

典 故 -

胸怀大志

宗悫是南北朝时期的人，年轻时很不得志，而他的同乡虞业有权有势，特别富有。每当虞业请客人的时候，总是几十道菜，酒菜摆得有一丈见方。

然而，他招待宗悫时，只给他吃杂粮煮的饭。但宗悫只是照样吃饭，从不因为饭菜差而发脾气。他胸有大志，把主要精力都用在了学习上。后来，宗悫做了豫州太守，但他并不忌恨虞业，反而认为虞业有才而请他做自己的部下。宗悫把过去受辱的事看得很开，具有宽厚的胸怀，真是很了不起。

三 延伸学习：判断一个人是否受过教育的标准

曾任耶鲁大学校长20年之久的理查德·查尔斯·莱文（Richard Charles Levin）曾说过，如果一个学生从耶鲁大学毕业时，居然拥有了某种很专业的知识和技能，这是耶鲁大学教育最大的失败。耶鲁大学致力于领袖人物的培养。在莱文看来，本科教育的核心是通识，是培养学生批判性独立思考的能力，并为终身学习打下基础。

教育的目的是什么？人为什么要受教育？获得知识？掌握技能？取得成功？赢得尊重？还是享受乐趣？莱文认为，这才是判断一个人是否受过教育的标准：自由的精神、公民的责任、远大的志向、批判性的独立思考、时刻的自我觉知、终身学习的基础、获得幸福的能力。

正如《大学的观念》（The Idea of a University）的作者约翰·亨利·纽曼（John Henry Newman）所说，只有教育，才能使一个人对自己的观点和判断有清醒和自觉的认识，只有教育，才能令他阐明观点时有道理，表达时有说服力，鼓动时有力量。教育令他看世界的本来面目，切中要害，解开思绪的乱麻，识破似是而非的诡辩，撇开无关的细节。教育能让人信服地胜任任何职位，驾轻就熟地精通任何学科。

莱文在他的演讲集《大学的工作》（The Work of the University）中这样提到，通识教育的英文是liberal education，即自由教育，是对心灵的自由滋养，其核心是自由的精神、公民的责任、远大的志向。自由地发挥个人潜质，自由地选择学习方向，不为功利所累，为生命的成长确定方向，为社会、为人类的进步做出贡献，这才是莱文心目中耶鲁教育的目的。

冯骥才指出，解放孩子是教育最好的目的。从小学、中学直到大学，一个人所要完成的不只是知识性的、系统的学业，更重要的是拥有健全而有益于社会的必备素质——这个素质的核心是精神，即人文精神。具体到个人，它表现在追求、信念、道德、气质和修养等各个方面。

人文精神就是教育的灵魂，教育，不只是知识教育，更重要的是精神教育。人文精神是人类创造的另一个太阳——照亮自己和照亮未来。我们需要通过教育，让人文精神的光辉继续照耀我们前进。没有人文精神的教育，是残缺的、无灵魂的教育。任何知识如果只有专业目标，没有人类高尚的追求目标和文明准则，非但不能造福社会，往往还会助纣为虐，化为灾难。反过来，自觉而良好的人文精神的教育，则可以促使一个人心清目远、富于责任、心灵充实、情感丰富而健康。

子曰："学而不思则罔，思而不学则殆。"不能身体力行"孝、悌、谨、信、泛爱众、亲仁"这些本分，一味死读书，纵然有些知识，也只是增长自己浮华不实的习气，变成一个不切实际的人，如此读书又有何用？反之，如果只是一味地做，不肯读书学习，就容易依着自己的偏见做事，蒙蔽了真理，也是不对的。

让我们做彬彬有礼的人，全面发展的人，兢业心思，潇洒趣味。让我们在日常生活中，领悟践悟《弟子规》、《菜根谭》、感悟《大学》、体悟《道德经》，在学习中领悟先贤智慧，在日常应用中实践圣人之言，学以致用，改变行为。

《弟子规》白话文篇

原文

总 叙

弟子规　圣人训　首孝悌　次谨信

泛爱众　而亲仁　有余力　则学文

释义

弟子规精髓思想，源自孔子的教诲，

首先要遵守孝悌，其次要谨慎诚信。

博爱且关爱他人，亲近有仁德之人，

有多余时间精力，就学习有益知识。

解析

　　《弟子规》这本书，是根据圣人孔子的训导编成的。首先，我们在家里要孝敬父母，对自己的兄长要尊敬。其次，在日常生活中，我们的言行要谨慎，对别人要讲求信用。我们要关爱他人，亲近那些有仁德的人，跟他们学习。如果这些我们已经做到了，还有余力的话，就去学习圣贤的经典、有益的学问。

原文

入则孝

父母呼	应勿缓	父母命	行勿懒
父母教	须敬听	父母责	须顺承
冬则温	夏则凊	晨则省	昏则定
出必告	反必面	居有常	业无变
事虽小	勿擅为	苟擅为	子道亏
物虽小	勿私藏	苟私藏	亲心伤
亲所好	力为具	亲所恶	谨为去
身有伤	贻亲忧	德有伤	贻亲羞
亲爱我	孝何难	亲憎我	孝方贤
亲有过	谏使更	怡吾色	柔吾声
谏不入	悦复谏	号泣随	挞无怨
亲有疾	药先尝	昼夜侍	不离床
丧三年	常悲咽	居处变	酒肉绝
丧尽礼	祭尽诚	事死者	如事生

释义

听到父母的呼唤，应马上做出回答，
若父母有事交待，不可以拖延偷懒。
父母的教诲训示，应当恭敬地听从，
父母的责备教诫，应当顺从不反驳。

冬天为父母保暖，夏天让父母清凉，
早晨向父母问好，晚上对父母安慰。

出门前告诉父母，回来后当面禀报，
起居做事有常规，工作不轻易变换。

纵然是小的事情，也不要擅自做主，
如果是任意而为，有损子女的本分。
哪怕是小的物品，也不要自己私藏，
如果是私自藏匿，父母知道会伤心。

父母喜好渴望的，尽力为他们办到，
父母厌恶排斥的，小心谨慎地去除。
身体若受到损伤，父母会焦虑担忧，
德行上若有亏损，父母会蒙羞耻辱。

父母宠爱我们时，孝敬他们很容易，
父母对我严厉时，孝顺才更显诚心。
父母有过错之时，要小心劝导更正，
劝导时态度诚恳，话语要柔和轻细。
若父母不听规劝，等愉悦时再劝导，
痛哭流涕地恳求，受到责打亦无怨。

当父母身患疾病，熬药后自己先尝，
昼夜都侍奉父母，不随意离开父母。
父母殁守丧三年，经常因悲伤哭泣，
穿着居住要简朴，戒除酒色和女色。
丧事要依礼而行，祭祀要尽到诚意，
对逝去的父母亲，像生前一样恭敬。

解析

  父母叫你，就应该赶快答应；父母有什么事要你做，不要拖拖拉拉，懒懒散散。父母的教诲，一定要恭恭敬敬地听；如果父母责备你，一定是有道理的，所以你要虚心接受。

  子女要孝敬父母，冬天要让他们暖和，夏天要让他们凉快；早上要恭恭敬敬地请安，晚上要替他们铺好被褥，陪伴父母，让父母能够在安定当中入睡。出门要告诉父母一声，回来也要通报一声，免得父母不放心；起居作息要有规律，做事有常规，不要任意改变，以免父母忧虑。

  纵然是小事，也不要任性，擅自做主，而不向父母禀告。如果任性而为，容易出错，就有损为人子女的本分，因此让父母担心，是不孝的行为。公物虽小，也不可以私自收藏占为己有。如果私藏，品德就有缺失，父母亲知道了一定很伤心。

  父母喜欢的东西，要尽力为他们准备好；父母讨厌的事物，要小心为他们去除（包括自己的坏习惯）。要爱惜身体，遵守道德。身体有了伤痛，会让父母担心；要注意自己的品德修养，不可以做出伤风败俗的事，使其父母蒙受耻辱。

  父母亲喜欢自己，做到孝顺并不难；父母亲不喜欢自己，还要孝顺他们，这才是最可贵的。父母亲有过错，要耐心劝说，让他们改正；他们也许不耐烦，但你还是要和颜悦色，轻声细语地劝说。你的劝说父母亲听不进去，那就笑着再劝；哪怕最后哭着苦苦哀求，甚至挨打也不要抱怨。

  父母病了，吃的药需自己先尝，看看是不是太苦、太烫；父母病倒在床上，要日夜护理，不离开他们身边。父母去世之后，守孝期间（古礼三年），要常常追思、感怀父母教养的恩德；自己的生活起居必须调整改变，不能贪图享受，应该戒绝酒肉。办理父母亲的丧事要尽到礼节，祭拜要真心诚意；对待已经去世的父母，要如同生前一样恭敬。

原文

出则悌

兄道友　弟道恭　兄弟睦　孝在中
财物轻　怨何生　言语忍　忿自泯
或饮食　或坐走　长者先　幼者后
长呼人　即代叫　人不在　己即到
称尊长　勿呼名　对尊长　勿见能
路遇长　疾趋揖　长无言　退恭立
骑下马　乘下车　过犹待　百步余
长者立　幼勿坐　长者坐　命乃坐
尊长前　声要低　低不闻　却非宜
进必趋　退必迟　问起对　视勿移
事诸父　如事父　事诸兄　如事兄

释义

哥哥对弟弟友爱，弟弟对哥哥恭敬，
兄弟间和睦相处，这也显现出孝道。
身外之物看轻点，兄弟就不会怨恨，
讲话时注意分寸，矛盾就消失无踪。

在饮食起居之中，或坐卧行走之间，
应当是长者为先，年幼者应在其后。
长辈呼唤他人时，若听到帮助传唤，
若所叫之人不在，问自己能否帮忙。

如果是称呼长辈，不可以直呼其名，
若在长辈的面前，不可以炫耀才能。

走路时遇到长辈，要赶紧上前行礼，
长辈不说什么时，退下去恭敬站立。
骑马就下马等待，乘车就下车等待，
应让长辈先过去，长辈走远再启程。

如果长辈还站着，年幼者不能坐下，
如果长辈坐下了，允许坐下才能坐。
在长辈面前讲话，声音要低柔清晰，
如果低到听不到，那也是不应该的。
面见长辈要迅速，告退时慢慢退出，
长辈若问话之时，不可以左顾右盼。
对待叔伯长辈时，要像对自己父亲，
对待兄长亲友时，要像对同胞兄长。

解析

兄长要友爱弟妹，弟妹要恭敬兄长。兄弟姊妹能和睦相处，父母欢喜，孝道就在其中了。不贪图财物，兄弟之间就不会产生怨仇；言语上互相忍让，愤恨自然就消除了。

对待长辈应懂得礼让。吃饭时让长辈先动筷子，就座时让长辈先入座，走路时让长辈先行，晚辈随后。长辈呼唤人时，如果你听到了，应马上帮他呼叫；如果所叫的人不在，而你能做长辈吩咐的事，就应该前去照应。

有事情叫长辈，不能直接称呼他们的名字；长辈见识多广，在他们面前要多听，不要夸耀自己的才能。路上遇见长辈，应当赶快上前鞠躬问好；长辈没有和你说话时，要退在旁边恭敬站立，不要多言语。遇到长辈时，骑马的要下马，乘车的要下车；长辈走过时，要在原地待一会儿，等长辈走过百余步后再离开。

假如长辈站着，做小辈的就不要自以为是地坐下来；长辈坐下后，招呼你坐下你才可以坐下。在长辈面前说话，声音要低一些，但低得让人听不见，是不合适的。去见长辈的时候，要快步上前，告退时要放慢步子。长辈问你话，要站起来回答，眼睛要看着长辈，不要东张西望。对待自己的叔叔伯伯，应该像对待自己的父亲一样；对待兄长辈的亲友，也应该像对待自己的兄弟一样。

原文

谨

朝起早	夜眠迟	老易至	惜此时
晨必盥	兼漱口	便溺回	辄净手
冠必正	纽必结	袜与履	俱紧切
置冠服	有定位	勿乱顿	致污秽
衣贵洁	不贵华	上循分	下称家
对饮食	勿拣择	食适可	勿过则
年方少	勿饮酒	饮酒醉	最为丑
步从容	立端正	揖深圆	拜恭敬
勿践阈	勿跛倚	勿箕踞	勿摇髀
缓揭帘	勿有声	宽转弯	勿触棱
执虚器	如执盈	入虚室	如有人
事勿忙	忙多错	勿畏难	勿轻略
斗闹场	绝勿近	邪僻事	绝勿问
将入门	问孰存	将上堂	声必扬
人问谁	对以名	吾与我	不分明
用人物	须明求	倘不问	即为偷
借人物	及时还	人借物	有勿悭

释义

清晨要尽量早起，晚上要迟点睡觉，
人生的时光短暂，所以要珍惜时光。
早晨必须先洗脸，刷牙漱口不能少，
每次上了厕所后，就要马上去洗手。

帽子必须戴端正，穿衣纽扣要扣好，
袜子和鞋要平整，鞋带一定要系紧。
脱下的衣帽鞋袜，都有固定的位置，
不随手乱丢乱放，以免被弄皱弄脏。

穿着注重于整洁，不用去追求奢华，
要依照自己身份，也要看家庭状况。
对于饮食上要求，不要挑食或偏食，
饮食上要有节制，不可以暴饮暴食。
年纪小的青少年，不应当尝试喝酒，
喝醉酒丑态百出，最容易失态失言。

走路要从容不迫，站立时挺拔端正，
行礼要深深鞠躬，跪拜时恭敬尊重。
进出门不踩门槛，站立不东倚西靠，
坐着不叉开双腿，不要抖腿或摇臀。

掀开门帘要缓慢，尽量不发出声响，
转弯于棱角远些，不会被棱角碰伤。
手拿着空的容器，像满的一样小心，

进入空的房间时，要敲门如同有人。

做事情不要匆忙，匆忙中很易出错，
不要去畏惧困难，也不轻率或随便。
易发生纠纷之处，绝对不能去接近，
邪恶荒诞的事情，绝对不询问打听。

要进入别人的门，先要敲门和询问，
走到厅堂的门口，扬声通知屋内人。
听人家问你是谁，一定要回答姓名，
如果是只说是我，对方难分辨是谁。

借用他人的物品，必须要言明借取，
倘若未经人允许，和偷盗没有区别。
借了他人的物品，一定要及时归还，
别人来借东西时，有就答应不吝啬。

解析

早上要早点起来，晚上要晚些上床入睡；人的一生很短，转眼就老了，应该珍惜年轻时的光阴。清晨起床后，必须洗脸漱口；上厕所后，要把手洗干净，养成这种良好的卫生习惯。

帽子要戴正，纽扣要系好，袜子和鞋子也都要穿得服帖。放置帽子和衣服，要有固定的地方，不可以到处乱丢，以免弄乱弄脏（养成物有定位的好习惯）。

穿衣服贵在整洁，不在华丽；有职位的人要穿得符合身份，平常的人要穿得和家境相称，这就叫得体。饮食不要挑挑拣拣，偏食会营养不良；吃东西也要适可而止，饮食过量会损害脾胃。年纪还小的时候，千万不可以喝酒，因为喝醉酒后会失去理智，丑态百出，有失斯文。

走路时要不慌不忙，站立时要姿势端正。作揖时要弯腰，让身体成一弯形，不论鞠躬或拱手，尽可能表示出你的恭敬。进门时脚不要踩在门槛上，站立时身体也不要站得歪歪斜斜的，坐的时候不可以伸出两腿，腿不可以抖动，更不要摇动胯，否则你就显得没有教养了。这些都是很轻浮、傲慢的举动，有失君子风范。

掀帘子的时候，动作要轻，尽量不要发出响声；转弯的地方，行动幅度要大，不要碰着东西的棱角，否则就会造成不必要的伤害。拿着空的用具，就像拿着盛满东西的用具一样小心翼翼；走进空房间，也要像主人在家那样谨慎，不要乱走乱动。

做事情不要慌忙，忙乱就容易出错；不要害怕困难，要知难而进，同时不要马虎草率，做任何事都要认真对待。遇到喧闹争斗的场合，绝对不可走近；遇到不正当的事情，也少打听。

将要入门之前，应先问："有人在吗？"不要冒冒失失就跑进去。进入客厅之前，应先提高声音，让屋内的人知道有人来了。如果屋里的人问："是谁呀？"应该回答名字，而不是"我"，这让人无法分辨你是谁。

借用别人的物品，一定要事先讲明，请求允许。如果没有事先征求同意，擅自取用就是偷窃的行为。借了别人的东西，要爱惜使用，并准时归还。当别人向你借东西时，如果你正好有这样的东西，也不要小气、吝啬，要大方地借给人家。

原文

信

凡出言	信为先	诈与妄	奚可焉
话说多	不如少	惟其是	勿佞巧
奸巧语	秽污词	市井气	切戒之
见未真	勿轻言	知未的	勿轻传

事非宜　勿轻诺　苟轻诺　进退错
凡道字　重且舒　勿急疾　勿模糊
彼说长　此说短　不关己　莫闲管
见人善　即思齐　纵去远　以渐跻
见人恶　即内省　有则改　无加警
唯德学　唯才艺　不如人　当自砺
若衣服　若饮食　不如人　勿生戚
闻过怒　闻誉乐　损友来　益友却
闻誉恐　闻过欣　直谅士　渐相亲
无心非　名为错　有心非　名为恶
过能改　归于无　倘掩饰　增一辜

释义

凡是要开口说话，首先要讲求信用，
若全是欺诈虚妄，怎能永远行得通？
平时说话过于多，并不比少占优势，
任何事实实在在，不要奸佞和讨巧。
奸佞讨巧的言语，污秽不雅的词句，
市井通俗的口气，都要切实戒除掉。

未看到事实真相，不可以轻易言论，
事情了解不详尽，不轻易传播出去。
不合义理的请求，不轻易许下诺言，
若轻易许下诺言，就必会进退两难。

每次要说话吐字，一定要稳重舒畅，
不要说得快和急，或字句模糊不清。
见别人说长道短，绝对不上前参与，

若是不关自己时，就不要多管闲事。

看到别人的优点，就要向他去看齐，
虽然目前差得远，也要渐渐地看齐。
看到别人的缺点，就立即自我反省，
有相同点就改掉，没有就警示自己。

若是品德和学问，自身的才能技艺，
不如别人的时候，就应当自我激励。
如果是衣着打扮，或者是饮食起居，
不如别人的时候，不因此生气憋闷。

听别人批评发怒，听别人赞扬快乐，
损友会不断增加，益友会逐渐离去。
听别人赞誉惶恐，听别人批评欣喜，
正直诚实的朋友，逐渐会越来越多。

不是存心做错事，可以称之为过错，
有心犯下的错误，那就称之为罪恶。
有错误能够改正，可以当成没过错，
倘若是遮盖掩饰，就增加一项错误。

解析

　　说话最要紧的是诚实讲信用，说谎话、说胡话，都是不可以的。开口说话，诚信为先，答应他人的事情，一定要遵守承诺，没有能力做到的事不能随便答应，至于欺骗或花言巧语，更不能使用。话说得多不如说得少，凡事实实在在，千万不要讲些不合实际的花言巧语。存心不良的花言巧语或刻薄挖苦的话、下流肮脏的话，都不要讲。无知无识的小市民习气，千万要戒除。

事情没有弄清楚，不要随便乱说；听来的事情没有根据，不要随便乱传。别人要你做的事如果不正当，不要随便答应；如果信口答应了，不论做还是不做，都是你的错。

说话的时候，咬字要准，吐音要重而且舒畅。说话时不要讲得太快，也不可以讲得含糊不清。东家说长，西家说短，别人的事情很难说清楚；与自己的正经事没有关系的，不要多管。

看见别人有好的品质，就要向他看齐；哪怕同他相差很远，只要坚持下去，慢慢地总会赶上他的。看见别人有坏的行为，就要自我反省；如果自己有错，就应立马改正，没有的话，也要引起警惕。

做人最要紧的是道德、学问、才干、本领，这些方面比不上人家，就要不断勉励自己，迎头赶上。若是穿着饮食不如他人，不要攀比生气，更没有必要忧虑自卑。

如果听到别人的批评就生气，听到别人的称赞就欢喜，那么，坏朋友就会来接近你，良朋益友就会离你而去。如果听到好话就心里不安，听到别人指出缺点就高兴，那么，正直的朋友就会越来越亲近你。

不经意间做了不好的事就叫"错"，还可以原谅；存心做不好的事就叫"恶"，一定要受到惩罚。有过错能马上改正，别人就会当没有这回事，还是把你当好人看；如果有错不肯承认，还要为自己遮盖掩饰，就等于再添了一个过错。

原文

泛爱众

凡是人	皆须爱	天同覆	地同载
行高者	名自高	人所重	非貌高
才大者	望自大	人所服	非言大
己有能	勿自私	人所能	勿轻訾
勿谄富	勿骄贫	勿厌故	勿喜新

人不闲	勿事搅	人不安	勿话扰
人有短	切莫揭	人有私	切莫说
道人善	即是善	人知之	愈思勉
扬人恶	即是恶	疾之甚	祸且作
善相劝	德皆建	过不规	道两亏
凡取与	贵分晓	与宜多	取宜少
将加人	先问己	己不欲	即速已
恩欲报	怨欲忘	报怨短	报恩长
待婢仆	身贵端	虽贵端	慈而宽
势服人	心不然	理服人	方无言

释义

对所有的人来说，都应该博爱众生，
同一片蓝天覆盖，同一片大地承载。
是品行高尚的人，名望自然会崇高，
人们注重于品德，并非英俊或美丽。
才德兼备的能人，必定会名扬天下，
人们所能信服的，并不是夸夸其谈。

自己若是有才能，不要不传授别人，
别人若比自己强，不要去诋毁诽谤。
面对富人不谄媚，面对穷人不骄横，
不对旧事物厌恶，不对新物品偏爱。
他人忙没有空闲，不要过去打搅他，
他人心神不宁时，不要去骚扰对方。

对于别人的短处，千万不要去揭穿，

知道别人的隐私，不要到处去宣传。
赞美别人的善行，就是自己在行善，
对方听你的赞赏，会更加努力为善。

宣扬别人的恶行，就等于自己作恶，
如果过分地憎恶，会导致引来灾祸。
行善能相互勉励，能建立好的德行，
有过错而不规劝，道德上都有缺失。

与人沟通来往上，贵在于分辨清楚，
给人的应当多些，获取的应该少些。
自己不喜欢的事，不要强加给别人，
自己都不愿意做，那就马上停止吧！
有恩要更多报答，有怨要大度谅解，
怨恨应越短越好，报恩要常记不忘。

对待婢女和仆人，主人当品行端正，
虽然是以身作则，也应当宽以待人。
用权势来压服人，表面服而心不服，
若是用道理说服，对方会心服口服。

解析

　　人与人之间，要和睦相处，互相爱护，因为大家都生活在同一片蓝天下，同一块土地上。品行高尚的人，名望自然就高；人们敬重的不是外貌高大、仪表堂堂的人。才学博大精深的人，声望自然就高；人们佩服的不是那些自我吹捧、夸夸其谈的人。

　　自己有能力，不要自私自利，要帮助别人；他人有能力，不要嫉妒、轻看人家，甚至说坏话，应当欣赏学习。不要讨好富人，也不要轻看穷人，不要讨厌身份普通的老朋友，也不要去巴结有地位的新相识。别人正忙得没有空闲时，不要因为自己的事去打扰；别人心情或情绪不安时，不要唠唠叨叨地对他说个不停。

别人的短处，切记不要去揭穿；别人的隐私，切记不要去宣扬。称赞别人的美德，本身就是一种美德；别人听到你这样说他，就会更加勉励自己。

宣扬他人的恶行，本身就是一种恶行；对别人过分指责批评，会给自己招来祸害。朋友间互相劝善，德才共修；有错不能互相规劝，两个人的品德都会亏欠。

拿别人东西和给别人东西，轻重要分清楚；给人家东西要多一点，拿人家东西要少一点，这是人情来往的道理。打算怎样去对待别人，应该先问问自己，这是不是自己愿意做的？如果不愿意，就应该马上停止。得了人家的好处应该想法去报答，和别人结的怨恨要想法去忘掉；抱怨不过是一时，报恩才是长远的事。

对待婢女和仆人，自己要品行端正、以身作则；虽然品行端正很重要，但是仁慈宽厚更可贵，没有看不起他们。用权势去压服人，虽然被压之人会表面服从，但心里还是不服；用道理说服人，才会令他们心服口服、心悦诚服。

原文

亲 仁

同是人　类不齐　流俗众　仁者希
果仁者　人多畏　言不讳　色不媚
能亲仁　无限好　德日进　过日少
不亲仁　无限害　小人进　百事坏

释义

虽然同样都是人，但心性品德不同，

世俗之人更多些，德才兼备的人少。
真正的贤德之士，大家自然会尊敬，
因为他直言不讳，更不会谄媚恭维。

能亲近贤德的人，生活会无限美好，
德行会与日俱增，过错一点点消逝。
如果不亲近贤人，会有无尽的害处，
和小人走得愈近，害处便越来越多。

解析

　　同样在世为人，品行高低各不相同；品行一般的俗人多，品行高尚的仁者少。真正品行高尚的人，大家都敬重他；这样的人说话直言不讳，也不去谄媚讨好别人。

　　能够亲近品德高尚的人，对自己有莫大的好处；会使自己的道德品质一天天提高，过错一天天减少。不亲近品德高尚的人，对自己有莫大的坏处；品质恶劣的小人就会接近你，会有无穷的害处。

原文

余力学文

不力行	但学文	长浮华	成何人
但力行	不学文	任己见	昧理真
读书法	有三到	心眼口	信皆要
方读此	勿慕彼	此未终	彼勿起
宽为限	紧用功	工夫到	滞塞通
心有疑	随札记	就人问	求确义
房室清	墙壁净	几案洁	笔砚正
墨磨偏	心不端	字不敬	心先病
列典籍	有定处	读看毕	还原处

虽有急　卷束齐　有缺坏　就补之
非圣书　屏勿视　蔽聪明　坏心志
勿自暴　勿自弃　圣与贤　可驯致

释义

做事不亲力亲为，便如同纸上谈兵，
易养成虚浮习性，怎能成有用之人？
但做事亲力亲为，却不去学习知识，
容易执着于己见，而无法契合真理。

认真读书的方法，就必须做到三到，
是心到眼到口到，务必全都要做到。
读书读到了这里，就不要想着别的，
这本书还没读完，另一本就不开始。

难懂处放宽期限，要更加专心研究，
对不懂处下功夫，自然能通达了解。
心里有疑问不解，就要随手记下来，
向别人询问请教，一定要得到答案。

书房要清净整洁，墙壁要粉刷干净，
书桌要清洁干净，笔墨要摆放端正。
如果墨条磨偏了，是因为心不在焉，
写字若是不工整，原因是心浮气躁。

排列的经史典籍，要放在固定地点，
阅读观看完毕后，要归还到原处去。

就算有再急的事，也要将书整理好，
一旦发现破损后，要马上进行修补。
不是圣贤所著的，应该摒弃不去看，
否则会蒙蔽心智，毁坏自己的意志。
不可以狂妄自大，也不能自甘堕落，
圣贤的境界虽高，也是一点点学成。

解析

只知道啃书本，不知道按书中的道理去做，只能滋长华而不实的作风，这种人很难有什么出息。只懂得卖力去做，不学习书中的道理，靠短浅的见识，永远不会明白真正的道理。

读书的方法讲究三到：心到，用心地想；眼到，仔细地看；口到，专心地读。这三条都是很重要的。正在读着这本书，不要想着又去读那本书；这本书还没有读完，另一本书就不要拿出来，读书要用心。

学习的时间要安排得多一点，但是还要抓紧用功；只要功夫到了，不懂的地方自然会弄清楚。学习时心里有疑问，应随时记下来，有机会就找人请教，要确确实实地理解清楚。

读书的房间要安静，墙壁要干净，书桌要整洁，文具要放端正，这才像个读书的样子。如果内心不端正，磨墨就容易磨偏；如果内心有杂念，字就不容易写端正。因此学习要专心致志。

重要的书籍，要放在固定的地方，这样便于查找；书看完后，应放回原处。读书人要爱惜书，即使遇到急事，也要把书捆扎整齐，发现书本有缺损，要立刻把它补好。

不是高雅有益的书，就不要去看，要不就会埋没自己的才智，更会损害自己的思想和志向。不讲道理叫作"自暴"，胡作非为叫作"自弃"，做人绝不可以这样。不自暴自弃，通过努力成为一个品德高尚的人是可以逐渐做到的。